food
coordinate
푸드 코디네이트
김수인 저
도서출판 효일
www.hyoilbooks.com

저자의 말

경제성장과 함께 소득이 증가하고 식(食)을 통한 생활의 여유, 삶의 즐거움을 찾고자 하는 사람들이 늘어나면서 식공간 연출과 함께 푸드 스타일링의 중요성은 외식업계에 새바람을 일으키고 있다. 영양학적인 욕구충족의 음식섭취에서 벗어나 심리적 욕구충족의 의미로 음식의 시각적인 조건과 식공간과의 조화가 중요시 되고 있는데, 이는 자연스런 대화를 유도하여 즐겁고 편안하게 식사하도록 연출하는 메인 테마가 된다.

이 책에서는 푸드 코디네이트의 다양한 분야를 구체적으로 소개하면서 중심이 되는 테이블 코디네이트와 푸드 스타일링에 대한 내용과 함께 식공간 연출과 연결되는 메뉴 플래닝과 파티 플래닝의 기본 이론을 다루었으며, 더불어 현재 외식인들에게 주목받고 있는 티 인스트럭션 부분도 함께 소개하였다.

개인적으로는 학생들이 이 책을 통하여 푸드 코디네이터라는 직업에 대한 협의적인 시각에서 벗어날 수 있는 계기가 되기를 바라는 맘으로 관련 내용들을 폭넓고 깊이 있게 언급하였다. 대부분의 사진 자료들은 저자가 활동하면서 작업했던 것으로 푸드 스타일링을 공부하고자 하는 학생이나 푸드 코디네이트에 대한 전문적인 지식을 얻고자 하는 이들에게 유용하게 이용되길 바란다.

한권의 책이 완성되기 위해 많은 배려를 해주신 효일 임직원 여러분께 감사드리며, 힘든 일정임에도 불구하고 촬영 때마다 웃으며 함께 해준 나의 고마운 제자들 김빈, 김미진, 김보람에게 감사의 말을 전합니다. 촬영에 도움을 주신 한국전통문화교육원 향원당 식구들, 포토그래퍼 이귀현 선생님, 소호앤노호 박은민 선생님, SFCA 박정윤 실장, 그리고 향원당 1·2기 학생 분들에게도 깊이 감사드립니다.

저자 씀

contents

차 례

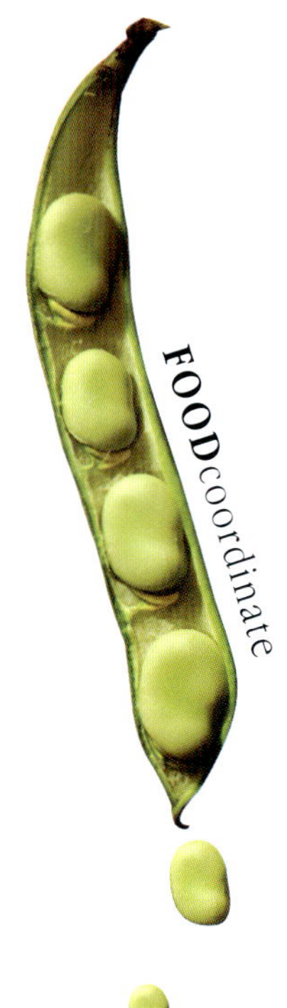

1 chapter

 푸 드 코 디 네 이 트 의 개 념

1970년대에 푸드 코디네이터라는 말이 처음 등장하였으므로 그 역사는 매우 짧다고 볼 수 있다. 과거의 사전을 보면 푸드 코디네이터란 호텔이나 레스토랑에서 메뉴에 따른 재료를 조달하는 사람이라고 기록되어 있고, 현대의 푸드 코디네이터는 인간과 인간, 인간과 사물, 인간과 일을 연결하며 관계를 조정하는 일을 하는 사람을 의미하고 있다.

일본에서는 푸드 스페셜리스트 업무 중에 하나로「푸드 코디네이터」라는 것이 있다. 푸드 코디네이터는「식의 쾌적함의 창조」를 기본목표로 하며 여기에는 업무상 이루어지는「접대와 서비스 정신」도 해당된다.

푸드 코디네이터 업무를 간단하게 분류해보면 다음과 같다.

① 식공간 코디네이트 : 레스토랑의 음식 설치, 음식판매소, 음식점이나 객석 등의 식사공간과 주방 재정비

② 메뉴 디자인 및 개발 : 마케팅에 있어서의 메뉴는 고객을 기쁘게 하고, 인기 있는 메뉴를 구상하는 것이 중요

③ 테이블 코디네이트 : 식문화를 배경으로 한 테이블 웨어의 선택과 어렌지먼트

④ 식탁의 서비스와 매너의 기획 · 연출

⑤ 푸드 매니지먼트 : 레스토랑이나 급식사업, 호텔 등의 요리음식 제공, 연회석, 컨벤션 등의 매니지먼트나 파티 플래닝과 연출

⑥ 식의 기획 · 연출 : 제품발매, 인벤트, 미디어의 제작, 식사 교육 등으로 나눌 수가 있다.

이 장에서는 푸드 코디네이터의 최종 목적인「식의 어메니티(amenity) 창조」, 즉「식의 쾌적함 창조」란 무엇인가, 그리고 푸드 코디네이트 업무를 하기 위한 기본요소인「6W1H」에 대해 중점적으로 다루어 진행해 갈 것이다.

어메니티(amenity)란 「쾌적성」이라고도 해석되지만, 사랑을 바탕으로 한 「생명의 편안함」이라는 의미도 지니고 있다. 푸드 코디네이터에게는 적당한 감성과 관련분야의 기초적인 교양이 중요하다.

푸드 코디네이터는 일상적인 생활 속에 있어 사람으로서의 시점과 비즈니스로서의 시점을 겸비하여 갖추고, 식사 문화를 중심으로 한 인생의 즐거움과 마음의 여유, 그리고 내일의 활력을 줄 수 있는 정보와 능력을 겸비하고 있어야 한다. 이 장을 통하여 「푸드 코디네이트」에 대한 기초개념을 배우고, 비즈니스 감각을 몸에 익히도록 하자.

2. 푸드 코디네이트의 기본 이념

1. 식의 어메니티 창조

1) 어메니티란 무엇인가

어메니티(amenity)란 라틴어의 「amo(사랑한다)」가 그 어원으로, 인간의 가장 기본적인 본성인 「사랑」을 종축으로 하고, 인간과 환경을 포함한 「생명」을 횡축으로 그렸을 때 교차하는 접점에 존재하는 것이라고 해석할 수 있다. 어메니티란 말은 「쾌적성」이라든지, 「쾌적 환경」, 「매력적인 환경」 등으로 해석할 수 있지만, 「편안함」이라는 의미나 「사랑한다」, 「사랑 할 만하다」라는 의미로도 해석은 가능하다. 그러므로 푸드 코디네이터는 사람이 쾌적한 공간 속에서 마음의 편안함을 느낄 수 있도록 안내해주는 사람이라고 할 수 있겠다.

위에서 서술했듯이 식의 어메니티는 편안히 식사를 함으로써 마음이 치유되고, 함께

식사를 함으로써 인간관계의 유대를 확인할 수 있는 쾌적한 환경을 만들어내는 의미로 해석할 수 있을 것 같다.

2) 식생활 의의

오래전 인간은 자연속의 수렵과 채집을 통하여 식용 가능한 식품을 선택하게 되었고 그 선택의 경험에 의해서 좋은 식재료 채취, 수렵, 생산, 증식, 저장, 가공, 조리 등의 기술을 발전시켰다. 이러한 반복을 통한 발전은 인간의 식문화를 형성시켜 오늘에 이르게끔 하였다.

인간의 먹는 행위는 배고픔을 달래기 위한 생리적 욕구에 의한 의식과 음식을 통해 편안함과 여유를 얻고자하는 정신적 의식, 즉 "영양섭취로써의 식(食)"과 "문화로써의 식(食)"으로 나눌 수 있을 것이다.

◑ 표 1-1 ◐ 인간의 식생활 의미

정신적 의미	생리적 의미
인간이 먹는다는 것, 식사(食事)는 음식을 먹는 인간의 마음을 성숙시켜주며, 스트레스를 발산시킬 수 있도록 도와주며, 잠시동안 쉴 수 있게 해주는 정신적인 에너지를 가지고 있는 것이다. 또한 식사는 가족간의 유대관계를 돈독히 하기 위한 도구임이 분명하고, 친구나 여러 사람들과의 친목을 돈독히 하기 위한 사교, 정치, 외교 등의 커뮤니케이션 매체가 되기도 한다.	음식섭취로 자신들의 건강을 재생산하고 건강하고 활력 넘치는 풍성한 인생을 보냄과 동시에 건전한 자손을 남김으로써 민족이 번영하기를 간절히 바란다.

3) 접 대

접대(hospitality)란 라틴어 「hospes(손님)」가 어원으로 마음에서 우러나는 대접, 또는 인간을 친절하게 대접하고자 하는 마음이라는 의미로 해석되어진다. 푸드 코디네이트 중에서도 이 접대는 매우 중요한 것이 아닐 수 없다.

식사 초대를 할 때는 상대방에게 정신적, 육체적으로 매우 풍족한 행복감을 안겨줄 책임을 갖고 있는 것으로, 식사를 통한 즐거움은 고대의 식생활을 통해서 알 수 있다. 한솥밥을 먹고, 같은 화덕에서 구운 빵을 나눠 먹고, 술이나 와인을 마시며 기분 좋게 취하는 것들도 모두 같은 의미로 볼 수 있을 것 같다. 함께 즐겁게 식사를 나누고 공감과 호평을 얻기 위해서는 초대한 측의 상대방에 대한 배려와 노력이 반드시 필요하겠다.

서비스는 접대하는 사람에게 있어서 기본이며, 식사를 제공할 때의 자세나 동작, 전문적인 지식이나 기술을 겸비하고 있는 것을 필요로 한다. 그러나 접대라고 하는 것은 사교적인 개념이 가미된 것으로 정신적 충족감을 위한 일정의 서비스를 첨가한 것이 푸드 코디네이트에서 강조하는 접대라는 사실에 주의해야 한다.

일정의 서비스, 즉 고객을 위한 물질적 배려에는 메뉴와 어울리는 테이블 세팅, 컨셉에 맞는 식사 공간, 동선이 쉬운 설비와 환경 그리고 서비스하는 사람의 언행과 매너, 음식에 대한 풍부한 지식, 식사 중의 시선처리 등 고객이 기분 좋은 시간을 보낼 수 있는 재치 있는 행동이 포함된다. 접대에서는 고객이 단순히 접대에 만족하는 수준에 그치지 않고 감동의 경지까지 올릴 수 있어야 바람직하다고 본다.

4) 식에 대한 감성

먼저 「맛은 오감으로 느낀다」라고들 말한다.

우리가 흔히 말하는 감각(感覺)은 외부의 물리적, 화학적, 생물적 현상에 대해 신체가 느끼는 감각의 정도나 그 내용을 대상으로 말하고 있다. 그러나 음식에서 말하는 감각(感覺)이란 맛있다라는 만족감, 즉 단순히 음식 자체의 맛과 관련된 요소만을 말하는 것이 아니라, 메뉴의 스타일, 식사 공간의 디자인, 서비스, 또한 사람들의 인생관, 라이프 스타일 등도 크게 관여하는 매우 종합적인 것이다.

그렇다면 음식에서 말하는 감성(感性)이란 무엇일까?

감성이란 사물을 직감적으로 감응하는 힘, 또는 풍부한 감정이나 호기심, 상상력, 창조력을 발산시키는 근원이 되는 힘을 말하겠다. 이런 「감성(感性)」은 「지성(知性)」(두뇌의 지적인 움직임)과 「이성(理性)」(개념적 사고 능력)으로 분류하는데, 감성은 인간이 지닌 감각·지각의 기능이나 특징이며, 이것들에 의해 사람들은 감정(感情)을 느끼는 것이다. 그러므로 감동받는 식(食)에 대한 감성은 식의 장소를 구성하는 종합적인 조화와 그것을 평가하는 인간의 내적 기준 호응도에 따라 나타난다고 볼 수 있다.

인간이 가지고 있는 시각, 청각, 후각, 촉각, 미각의 오감(五感)은 항상 문을 활짝 열어 놓고 있다. 이들 감각들은 무의식 사이에 엄청난 수의 정보를 받아들이고 있다. 문을 열어 감각을 객관적으로 받아들이면서 동시에 주관적으로 좋다·싫다라는 감정(感情)을 결정하여 나타내고 있다. 이때 나타나는 주관적인 감각의 평가는 각자의 교육이나 환경, 또는 감성 등의 학습체험과 관련되어 나타나는 것이다. 사람마다 느끼는 맛의 감성(感性)은 주관적이며 먹는 사람마다 다르게 나타난다는 것이다. 하지만 객관적으로 느낄 수 있을만한 감성코드를 찾아 컨셉에 맞는 메뉴의 전체 상을 전개해나가는 것이 가능하며 적당한 대가를 얻는 것도 가능하다.

3. 푸드 코디네이트를 위한 「6W1H」

고객(먹는 사람)은 식(食) 선택에 있어 객관적인 상황과 개인의 주관성을 기준으로 하여 종합적 판단을 통해 식사를 진행해 나가지만, 서비스 측은 푸드 코디네이트의 기본이념을 충분히 분별하여 보다 즐겁고 쾌적한 분위기 안에서 함께 맛있는 식사를 할 수 있도록 그 연출을 기획·제작할 필요가 있다.

푸드 코디네이트에 있어서는 6W1H(who, with, whom, when, where, why, how)

의 기본 조건이 중요하다. 푸드 코디네이터는 영양적, 기호적, 생리적, 문화적인 메시지가 담겨있는 메뉴를 기획하여야 하는데, 이때 「6W1H」의 조건들이 제외되서는 안 된다.

1) who - 누가 먹는가

식사하는 사람의 연령층이나 개인의 생리상태 등에 따라 기호가 다르기 때문에 「누가 먹는가」를 명확하게 인지하고 있다는 것은 아주 중요하다. 푸드 비즈니스(food business)에 있어 고객에게 건강한 식생활의 장을 제공하는 것은 큰 업무 중 하나이기 때문에 타겟이 될 고객층, 즉 주 고객층이 직업여성인가 샐러리맨인가, 혹은 아이들을 동반한 가족층인가에 따라 연령, 성별, 경제능력, 직업 등을 염두에 두어 구체적으로 타겟을 잡는 것이 좋다.

2) with whom - 누구와 먹는가

인간관계와 밀접한 관계가 있는 「누구와 먹는가」에 대한 의견도 점점 다양화되고 있지만, 이 조건은 식사공간과 밀접한 관계가 있다. 누구와 먹느냐에 따라 식탁에서의 좌석 배치가 정해지며 식공간의 전반적인 분위기 또한 이에 따라 결정된다고 볼 수 있다.

3) when - 언제 먹을 것인가

식사는 하루에 아침, 점심, 저녁의 3회로 나누어 먹는 것이 보통이지만, 연령이나 식습관, 개인의 생리상태에 따라 다르며 「언제 먹느냐」라는 시간대에 따라 서빙되는 음식물의 종류도 달라지므로, 푸드 비즈니스에서는 시간과 고객을 중심으로 하여 매장의 메뉴를 구상하는 것이 좋다.

일반적인 레스토랑에서는 10 : 00~14 : 00는 런치 타임, 14 : 00~17 : 00는 아이돌 타임, 17 : 00~19 : 00는 캐주얼 디너, 19 : 00~21 : 00는 슬로우 디너, 21 : 00~는 미드나이트 디너로 구분하여 그 나름대로의 시간대에 맞추어 고객이 무엇을 필요로 하는지를 명확하게 파악하는 행동이 메뉴 구상에 일조하기도 한다.

◑ 표 1-2 ◑   식사시간대와 어울리는 메뉴 디자인

아침	점심	저녁
• 입맛이 매끄럽고 잠을 깰만한 것, 그리고 먹기 쉽고 익숙한 범위 내의 메뉴선정 • 익숙한 음식이 아닌 텍스쳐나 씹기 힘든 텍스쳐는 그다지 선호하지 않는다.	• 시간적 제약이 있기에 재빨리 준비할 수 있으며 간단하고 먹기 쉬운 것을 선호 • 다양한 메뉴를 디자인 할 수 있다.	• 여러 가지 메뉴가 가장 환영받으며 평가받을 수 있는 것은 저녁 식사이다. 많은 사람들이 하루 업무를 마치고 편안하게 쉬는 시간이기에 다양한 종류와 넓은 범위의 요리를 기대한다.

4) where - 어디서 먹을 것인가

「어디서 먹을 것인가」는 푸드 비즈니스와 밀접한 관계가 있다. 「외식산업」분야에서는 다양한 점포가 다양한 메뉴를 내세워 경쟁하고 있지만, 외식업에서는 요리만이 아니라 점포 내의 분위기나 서비스도 중요한 상품요소가 된다. 먹는 환경은 식사공간과 테이블 코디네이터가 활약할 수 있는 장소를 말한다. 고급 분위기의 레스토랑인가, 회사 근처의 백반집인가, 학교 근처의 분식집인가, 회의실에서 간단하게 먹을 수 있는 도시락 배달인가, 가족간에 화목하게 대화하면서 먹을 수 있는 식사상품인가 등에 의해 식사공간의 레이아웃이나 인테리어는 결정된다.

5) what - 무엇을 먹는가

부리아 사바랑은 "어떤 음식을 먹고 있는지를 말하기 전에, 당신이 어떤 사람인지를 생각해 보아라"라고 말했다. 「무엇을 먹는가」라는 것은 메뉴를 선택하는 것이며 영양적인 측면까지 고려한 것이다. 최근 음식에 포함되어 있는 환경기능성분의 연구가 진행되며 「무엇을 먹는가」라는 것에 대한 건강관리상의 중요성이 높아지고 있다. 그렇지만 사람마다 가지고 있는 「맛있다」라는 기호성의 문제가 푸드 비즈니스에서 중요한 키워드로 자리잡고 있어서 건강과 맛을 동시에 충족시킬 수 있는 메뉴에 대한 관심이 가장 크다고 볼 수 있으므로 메뉴선정에서 식소재는 무시할 수 없는 조건이 되었다.

6) why - 왜 먹는가

식생활의 쾌적함에 대한 사항으로 인간의 먹는 행위는 생리적·정신적 의식에 대한 만족감을 주는 것이었다. 「왜 먹는가」에 대한 동기에는 ① 기본적인 생명유지를 위한 영양적 동기, ② 몸의 리듬을 조절하여 병을 예방하고 건강을 증진시키기 위한 생리적 동기, ③ 맛있게 먹기 위한 기호적 동기, ④ 음식을 매개체로 하여 다른 사람과 원만한 커뮤니케이션을 진행해나가는 문화적 동기 등이 있다.

7) how - 어떻게 먹는가

메뉴의 조리법이나 식사의 진행양식은 「어떻게 먹는가」의 구체적인 표현법, 즉 식문화 그 자체를 말하는 것이다. 또한 「어떻게 먹느냐」에 따라 T(time), P(place), O(object)에 맞는 식공간도 자연스럽게 결정되어진다고 볼 수 있다. 과거에 비해서 서양의 조리법이나 요리 양식들이 많이 받아들여지고 있고, 전통음식문화와 적절히 융합되고 절충된 다양한 음식, 무국적음식이 많아지고 있는 추세이므로, 우리는 기존의 숟가락 및 젓가락 사용법 뿐만 아니라 성양의 커트러리 및 글라스 사용법 등의 매너에 대해서도 인지하고 있어야 하겠다.

4. 푸드 코디네이트의 분류

1) 메뉴플래너

푸드 코디네이팅 작업 중에서 가장 먼저 이루어지는 것은 식사의 종류를 결정하는 것이다. 이는 요리사와의 지속적인 관계를 유지하면서 이루어지는 작업으로, 메뉴에는 일상식, 행사식, 치료식, 집단급식의 메뉴 및 외식·중식의 경영에 있어서의 메뉴 등이 있다. 특히 레스토랑 창업에 관계된 푸드 코디네이터로 활약 시에는 고객들을 즐겁게 하며 잘 팔리는 메뉴를 구상하는 것이 중요하다. 그러기 위해서는 식사정보를 모으고, 음식 트랜드를 파악하며, 가게의 컨셉을 정하고, 타겟이 되는 고객층과 시간대별 음식의 종류를 그려보면서 메뉴를 구성해 나가야 하겠다.

2) 푸드 스타일리스트

잡지나 광고, 카달로그 및 리플릿용 홍보나 프로모션을 위해 새로운 음식을 만들거나 혹은 이미 만들어진 요리를 보다 맛있어 보이도록 요리에 시각적인 생명을 불어넣는 사람을 말한다. 이들은 요리와 함께 주변의 소품을 최대한 이용해 식욕을 돋우어 주도록 적당한 트릭을 사용하여 음식 디스플레이를 하는 능력을 갖고 있다.

색채를 기본으로 하는 디자인 감각이나 그릇 담기를 위한 공간예술의 민감성이 요구되며 촬영 상황에 맞는 융통성과 적응성, 그리고 무엇보다도 식재료의 특성에 대한 최대한의 이해함을 필요로 한다. 한마디로 말해 푸드 스타일리스트는 음식이 카메라 앞에서 가장 아름답게 보일 수 있도록 만드는 예술가라고 할 수 있겠다.

3) 식공간 코디네이터

식공간이란 넓은 의미로는 식품이나 조리가공품을 판매하는 백화점, 슈퍼마켓, 편의점 혹은 베이커리 등 상품판매의 점포나, 음식을 조리하여 먹는 가정의 부엌 식탁, 또는 조리와 서비스를 비즈니스로 하는 레스토랑이나 식당 등을 말한다. 하지만 푸드 코디네이트에서 말하는 식공간은 소규모의 식공간을 예로 한다.

식공간 연출을 할 때는 공간(空間), 인간(人間), 시간(時間)의 3간(間)을 기본 구성요소로 한다. 식의 쾌적함을 기본이념으로 하여 작업의 기능성과 손님의 동선 등을 따져본 후 평면적인 계획을 세우고 실내장치나 분위기, 식탁 위 연출 등을 생각하도록 한다.

식탁을 무대로 생각할 때, 부엌에는 작가가 있어 식탁에 등장하는 메뉴를 만들고, 요리사는 연주가처럼 맛있는 요리를 만들어 무대에 낸다. 무대의 테이블에는 클로스 종류,

커트러리, 컵, 꽃 등이 세팅되어 있고, 가족동반이나 친구들끼리의 손님들은 배우가 된 것처럼 한자리에 모인다.

식공간 코디네이터는 플라워어렌지먼트에 관한 기본지식과 식매너에 관한 전반적인 내용, 컬러리스트로서의 색감전개력도 요구된다.

4) 식교육 코디네이터

식교육 코디네이트는 가정, 학교, 생애 전반에 걸쳐 이루어지는 것으로서 가정에서는 모유 수유를 강조하면서 이루어진다.

식생활은 생애를 통하여 볼 때 가장 중요한 관심사이며, 각자의 건강과도 밀접한 관계를 지니고 있다. 더욱이 문화성·정신성을 지니고 즐겁게 식사를 함으로써 식사 행동은 성숙해 간다.

연령에 맞게 건강하고 활기 있게 장수하고자 원하는 사람들이 증가하면서, 장수 식에 대한 연구가 활발하게 이루어지고 있고, 여러 가지 식에 대한 문제, 예를 들어, 영양과 건강, 식의 안전과 안심, 새로운 기능성 식품 등의 이용 방법 등에도 깊은 관심을 보이고 있다. 이러한 것들에 관심을 기울여 정보제공이나 어드바이스를 하는 것도 식교육 코디네이터의 업무에 포함된다.

5) 티 인스트럭터(tea instructor)

차와 관련된 홍차전문가를 말하는데, 홍차의 역사와 종류, 홍차를 바르게 우리는 법에 관한 홍차의 전반적인 지식과 tea food, 홍차를 이용한 다양한 응용차를 소개하는 전문가로서, 최근에는 중국 차에 관심을 갖는 다도인이 증가하고 있어 그 범위가 홍차에 한정되지 않고 다양해지고 있다.

우리나라에서는 아직까지 생소한 분야이지만 다양한 차 문화가 흡수되고 음료의 개념이 점점 광범위해지면서 전문적인 티 인스트럭터(tea instructor)의 양성이 요구되어지고 있다.

6) 푸드 라이터(food writer)

요리에 관한 기사를 집필하고 레시피를 소개하거나 외국의 요리 관련 기사나 식문화를 리포트화 하는 일을 한다.

대부분 출판사나 신문사에서 장기간 요리분야를 담당한 편집자나 음식에 대한 실전 경험이 있는 사람들이 푸드 라이터로 활동하고 있으며, 요리에 대한 설득력 있는 문장 표현력이 뛰어난 사람들이 많다.

2 chapter

1. 테이블 코디네이터 개념

우리나라를 비롯한 일본, 중국, 서양의 기본적인 테이블 웨어와 식탁연출에 대하여 설명한다. 식기 · 식 도구, 식탁과 테이블 웨어, 테이블 세팅에 대해서는 나라에 따라 각각의 룰이 있기 때문에 그것들에 대한 기본지식을 습득하고, 식기 · 식 도구 중에서도 특히 도자기, 칠기, 글라스의 취급방법과 식탁용 리넨에서 소품에 이르기까지 이 모든 것을 알기 쉽게 기술하여, 오늘날의 사회 변화와 함께 실생활의 필수품으로 중요한 역할을 담당하고 있는 각각의 기물에 대하여 전문점에서 안목 있는 선택을 할 수 있음과 동시에 그 동향에 맞는 구입요령을 알도록 한다.

하지만 테이블 세팅에서 가장 중요한 것은 각 나라 식문화의 룰에 맞는 연출과 동시에 이미지에 맞게 테이블 코디네이트를 하는 감각이라 하겠다.

1. 테이블 코디네이터란

테이블 코디네이터는 한마디로 말할 수 없을만큼 그 범위가 더없이 넓다. 요리를 도입한 세팅에서, 디스플레이, 파티 프로듀스, 테이블 tops 컨설팅, 상품 기획, 그리고 교육, 게다가 산지(産地) 프로듀스, 이벤트 프로듀스 등으로 확대되어 가고 있는 추세이므로 그 범위는 점점 넓어질 것이다.

테이블 코디네이터는 조정의 역량이 요구된다. 이는 클라이언트의 이상과 코디네이터의 이상이 일치한다면야 금상첨화겠지만 그러한 경우는 거의 없다고 볼 수 있다. 현장을 무시하고 플래닝하면 오퍼레이션상에서 문제가 발생하는 경우가 많고, 결과적으로는 플랜 자체가 무너져 버리기 때문에, 현장과 충분한 커뮤니케이션을 취해 쌍방이 양보하여 높은 효과를 얻을 수 있도록 타협하는 것은 코디네이터로서의 큰 역할이라 할 수 있다.

따라서 이러한 조정 기능의 역량은 테이블 코디네이트의 중요한 요소가 됨에 틀림없을 것이다.

테이블 코디네이터에 대한 기대는 기업이나 자치단체 사이에서도 싹트고 있다. 그 기대에 부응하기 위해서는 설득력을 가진 기획력과 감성이 필요하다. 코디네이터는 자신의 감성을 강요하는 것만이 아니라, 현장과 이상과의「중개자 역할」에 있음을 자각하는 것으로부터 시작된다.

테이블 코디네이터는 혼자서 개성을 표출하며 행동하는 것이 아니라 어디까지나 공동 작업이라는 입장을 잊지 말아야 한다. 서로의 입장을 인정하는 좋은 인간관계 안에서 비로소 좋은 일이 생겨나는 것이다.

2. 테이블 코디네이터의 역할

테이블 코디네이터의 역할은 크게 3가지로 나누어 볼 수 있는데,「사람과 장소(일)를 연결하는 식탁」과「사람과 물건을 연결하는 식탁」, 그리고 아트로서의 생활 예술 중「식탁 예술」이 그것이다.

「사람과 장소를 연결하는 식탁」은 테이블 코디네이트에 의해 오감에 전해지는 공간을 창조한다. 모든 상황에서 그곳에 모인 사람들에게 커뮤니케이션을 원활하게 하며, 새로운 자극과 신선한 감동이 생겨나는 장소로써의 식탁을 연출하는 것이다.

두 번째의「사람과 물건을 연결하는 식탁」은 사회적 기능이다. 현대의 판매력을 촉진하는 코디네이트 스케일에 따라 판매촉진의 열쇠를 찾고자 하는 식탁인 셈이다.

세 번째의「식탁 예술」은 아트의 세계에 들어간다. 식탁을 단순히 식사를 위한 장으로만 여기는 것이 아니라 음식 하나를 놓더라도 주변 소품과의 조화를 이룰 수 있게 배치하여 미를 추구하는 것이다. 이는 진정한 아름다움을 추구하고, 마음까지도 구제되는 듯한 미의 세계를 연출하는 것이다.

3. 테이블 코디네이터의 활동영역

테이블 코디네이트에 관하여, 또한 테이블 코디네이터의 일에 관하여 일반적으로 어떤 이미지를 갖고 있을까?

식탁의 연출, 파티의 플래닝, 식기나 테이블 클로스 등을 조합시켜 식탁의 장면을 연출하는 교실 등을 주재하여 테이블 코디네이트를 가르치는 「식」, 「요리」에 관한 분야가 중심으로 생각되고 있는 것은 아닐까 하고 생각한다.

그 이미지가 틀린 것은 아니지만, 실제 일의 영역은 더욱 큰 범위를 가지고 있다. 여기에서는 테이블 코디네이터의 일의 영역이나 앞으로의 테이블 코디네이트의 가능성을 서술하겠다.

1) 라이프스타일 제안영역

테이블 코디네이터 일의 영역은 「공간」, 「생활」, 「라이프스타일」, 「감성」과 모두 연결되어 있다고 볼 수 있다. 그것들을 정리하고 새로운 형태로 편집·코디네이트하는 풍요로운 삶을 위한 생활 제안도 테이블 코디네이터에게 요구되고 있는 분야일 것이다.

또 한국의 문화와 전통을 거점으로 삼아 현대의 라이프스타일에 맞는 형태로 제안하는 것도 중요하다. 예를 들면, 정월이나 달구경 등 사계절 연중행사의 정신을 소중하게 여기며, 현대의 생활 스타일이나 주택 사정에 맞게 mix&match style로 제안하는 것도 중요하다.

2) 지역 브랜드 개발영역

현재는 지역에서 생산되는 「지역 브랜드」가 주목받고 있는 추세로, 농수산물 등의 식재나 특산물, 그 지방의 독자적인 요리 등이 자원이 되어 지역 전체의 브랜드 화를 추진하는 것이다. 지역 경제의 활성화에 연결해 가고자 하는 움직임으로 생산자 단체나 상공회의소, 자치 단체가 적극적으로 실천하고 있는 것은 신문 등에도 게재되고 있는 추세이다. 전국, 나아가 해외 시장에 있어서도 통용되는 높은 가치의 확립을 목표로 하여, 전통 산업이나 지역 산업 등을 활성화시키기 위해 필요한 경우에는 외부의 프로듀서나 디자이너 등의 전문가를 활용하고, 시장 조사나 신상품 개발, 디자인 개발, 판로 개척 활동 등의 프로젝트에 관하여 종합적인 지원을 하는 것이다. 지역의 역사, 문화, 풍토, 자연을 기초로 하여 다른 지역과의 차별성을 명확히 해 가기 위한 코디네이트를 제안해 가는 것도 테이블 코디네이터가 활약할 수 있는 영역일 것이다.

지역의 자원이나 문화를 배경으로 하여 여관이나 호텔 등에 그 토지 특유의 식재나 요리를 맛 볼 수 있는 연출을 제안하거나, 지역의 생활 습관을 체험할 수 있는 이벤트를 프로듀스하는 일은 다른 지역의 코디네이터가 할 수 없는 일이다. 또한 지역 활성화나 전통 산업의 활성화, 도시 만들기 등에 관계해 가는 일은 코디네이터의 활동으로서 중요할 뿐 아니라 다음 세대로 연결하는 다리로서도 중요한 분야이다. 지역 문화나 생활 습관의 계승, 지역 산업이나 전통 산업의 활성화 등 테이블 코디네이터의 감성이나 소비자 측에서의 시점을 필요로 하는 분야나 활동 가능한 영역은 점점 확대되고 있다.

이러한 기회를 살리기 위해서는 테이블 코디네이터 자신이 자기 연구를 거듭해야 할 것이며, 책임감을 가지고 사회와 관계해 가는 것도 소홀히 해서는 안 될 것이다.

4. 테이블 코디네이터의 자세

1) 개인적인 관심에 대한 분석

테이블 코디네이트를 취미로써 즐기고 있는 분들이 많아지고 있고, 가족의 생일 및 기념일을 연출하거나 상대방을 대접하는 마음을 표현하는 기회가 늘어나고 있다. 매년 일본 도쿄 돔에서 열리는 「테이블 웨어·페스티벌」을 시작으로 국내에서도 테이블 코디네이트에 관한 컨테스트나 이벤트가 성행히 열리고 있다. 이러한 점으로 미루어 볼 때 테이블 코디네이트에 관심을 가진 분들이 증가되고 있는 것을 느끼며, 그 중에는 취미의 영역을 넘어 비즈니스로서 테이블 코디네이트에 관계를 갖는 직업인들도 있을 것이라 사료된다. 처음에는 테이블 코디네이트에 관계된 교실을 주재하거나 기업 세미나의 강사를 의뢰받는 등 조금씩 일의 폭을 넓혀 가는 것이었겠으나 테이블 코디네이트의 일은 아주 다양하다.

일의 영역을 손님과 일의 내용으로 나누고 직업으로써 테이블 코디네이터를 택하는 경우에는, 반드시 손님은 누구이고 무엇을 할 것인가를 생각해야 한다. 어디서부터 손을 대야 하는지, 어느 쪽으로 한 걸음 내딛어야 할 것인지를 생각하다 보면 개인적인 관심분야와 미래와 연관된 사업내용 등을 연상해 낼 수 있을 것이다.

테이블 코디네이트의 일을 시작하는 것도 기업, 비즈니스의 시작이라고 한다면, 「사업내용」을 생각하고 다른 사람과의 차별을 어떤 식으로 호소해 갈 것인지를 곰곰이 생각하는 것이 좋다.

「사업 내용」이라고 해서 어려운 것이 아닌, 지금까지의 경험이나 자신 있는 일, 흥미의 대상을 구체화시켜 자신의 「판매품」, 「상품」을 라인업 한다는 감각으로 하면 좋을 것이다.

자기를 분석할 경우에는 기업마케팅 전략 구축 시 사용되는 「SWOT 분석」 기법이 효과가 있다.

SWOT 분석	
호영향	약영양
S(Strengths) 강함	W(Weaknesses) 약함
O(Opportunities) 기회	T(Threats) 협위

「SWOT 분석」 기법은 내부에서의 영향과 외부에서의 영향으로 구분하여, 더욱이 호

영향과 악영향을 초래하는 것을 구분하여 자사의 환경 조건을 명백하게 하는 수법이므로
자기 자신의 경험이나 자신이 있는 분야를 명확하게 하는 때에도 활용이 가능할 듯하다.

> **예** 강함은 할 수 있는 일, 알고 있는 일, 경험이 있는 일, 약함은 시간적인 제약 조건
> 등으로 볼 수 있다. 이 상황에 따라 「기회」를 발견할 수 있을 것이다.

2) 듣기와 수집력

테이블 코디네이터는 상대방의 이야기를 잘 들어주면서 상대방과 친근감을 교환할 수
있는 감각을 갖춰야 하며, 상대방과의 대화를 통하여 클라이언트의 의도를 파악하는 능
력을 갖도록 훈련해야 한다. 상대방의 요구가 충족되어지지 않는다면 일을 의뢰한 사람
도 의로를 받아 일을 한 사람도 모두 만족할 수 없는 결과를 초래하게 되므로 상대방의
의도를 파악하는 것은 무엇보다 중요하다 하겠다.

듣기 능력은 훈련에 의한 것이므로 자기의 입장에서가 아니라 상대방의 입장에서 생
각하고 공감하도록 하며, 질문을 통해 자신을 표현하는 능력과 친밀감을 쌓는 방법을 기
르도록 하자.

5. 테이블 코디네이터의 역할

과거 집에서 하루에 필요한 음식물의 섭취를 모두 충족시켰던 때와는 달리 현재는 외
식이라는 것이 하나의 식사의 형태로 자리잡고 있어, 외식 산업의 발달은 날로 증가할
것으로 사료된다. 이러한 현상으로 인해 테이블 코디네이터를 필요로 하는 영역이나 분
야는 확대되고 있고, 이러한 움직임에 따라 테이블 코디네이터 일의 내용은 「테이블」에
서 「공간」으로 그 범위가 점차 확대되고 있다.

테이블 코디네이터의 일의 범위, 내용의 발전 그리고 확대를 이해하기 위해 「식공간
프로듀서」로서의 일을 중심으로써 설명해 보겠다.

1) 식공간 프로듀서

① 식공간 프로듀서의 일

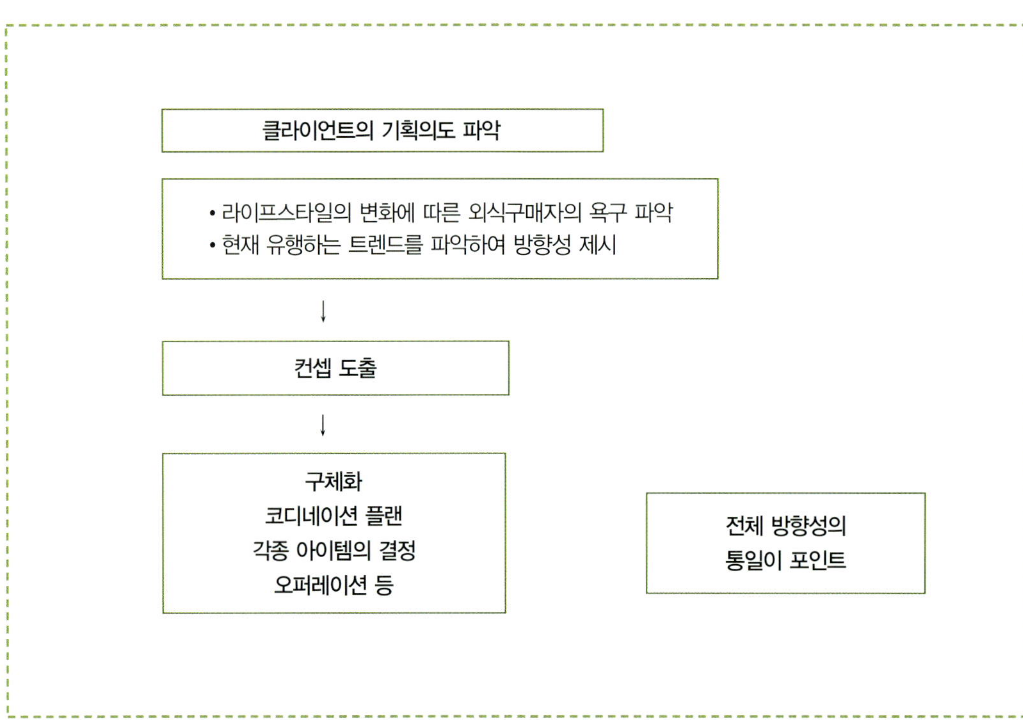

프로듀서는 프로젝트 전체를 총괄하는 역할을 맡고 있어 내용은 광범위하다. 중요한 것은 클라이언트의 의향이나 희망을 이해하는 것, 라이프스타일의 변화나 트렌드 등을 근거로 한 컨셉 설정을 하는 것, 구체적인 형태로 옮길 때에는 방향성이 통일되도록 오퍼레이션 단계까지를 고려하는 것 등을 들 수 있다.

② 식공간 프로듀서의 활동 분야

• 호스피탈리티 · 비즈니스의 분야

호텔 · 여관, 레스토랑 등의 호스피탈리티 · 비즈니스의 분야로서, 신규개업의 경우 계획 단계에서 실제 오픈 단계까지의 진행에 있어서 입지 등의 조사, 컨셉, 최적 고객층의 결정, 구체적인 상품 · 서비스 내용 및 가격설정 등 일련의 마케팅 활동이 실시된다. 식공간 프로듀서는 실제 레스토랑 등의 공간을 만들 때 요리, 메뉴의 구체적인 내용이나 그것들을 어떠한 용기를 사용하여 제공할 것인지, 오퍼레이션은 어떤 식으로 할 것인지를 클라이언트에게 기획, 제안하며, 또 필요에 따라서 오퍼레이션·매뉴얼의 작성, 오퍼레이션이나 서비스 내용 등에 관한 사원 교육을 실시하는 일을 한다.

• 생산 사이드·물건 제작의 분야

소비자의 잠재적인 요구, 즉 이러한 테이블 웨어가 있었으면 좋겠는데… 라는 생각을 바탕으로 하여, 현대의 라이프스타일에 맞는 테이블 웨어의 개발·제안을 실행시키는 것이다. 이 일은 현대의 흐름을 정확하게 느끼고 있어야 하는 일이자 역할이므로, 산지 상품에 대한 기본 지식과 정보수집력이 요구된다.

• 지역 활성화의 분야

자치 단체나 지역 산업 분야는 지역 브랜드의 구축이나 「식」을 중심으로 한 지역 활성화 등 지역 자원을 활용한 움직임이 활발해지고 있어, 식공간 프로듀서·테이블 코디네이터의 활약이 기대되는 분야라고 볼 수 있다.

예를 들면, 산지에서의 신상품 개발 성과를 호텔 및 파티·플래닝에 제안하거나, 백화점 등에서의 산지 특산물 전을 대신할 수 있는 지역 문화나 지역 산업을 배경으로 한 이벤트·프로듀스를 실시하는 것 등으로 지역 전체를 마케팅시켜 가는 것이 이 분야에 해당되는 일이라 할 수 있겠다. 다시 말하면, 식공간 프로듀서가 식공간 만들기나 상품 만들기에 관계하는 사람이나 기업과 소비자와의 다리 역할도 할 수 있다는 것이다.

2) 디스플레이어

점포나 식기 매장의 디스플레이로써의 코디네이트는 가장 볼 기회가 많을 것이다. 식공간 프로듀서의 시작이라고도 할 수 있는 이 분야는, 테이블 코디네이트에 대한 관심이 높아짐에 따라 호텔의 브라이들·페어(bridal fair)나 주택전시장 등에서 손님을 모으는 수단의 하나로써 테이블 코디네이트의 전시를 하는 경우도 증가하고 있다.

또 점포나 이벤트 등 테마나 계절감의 연출에 맞춰 클로스, 피규어, 플라워 등의 테이블 톱이나 컬러, 소재의 질감 등을 코디네이트 하는데, 이 일은 단순히 여러 아이템을 늘어놓는 것이 아니라, 오시는 분들로 하여금 흥미나 관심을 일으킬 수 있는 신선함이나 라이프스타일의 제안이 요구되는 일이다.

점포 디스플레이의 경우, 코디네이트를 통하여 상품을 사용하는 모습을 보여줌으로써 상품의 이미지를 전하거나 사용법을 제안하는 것으로, 소비자(손님)의 구매욕구를 자극하는 것이 중요하다.

3) 인재육성

테이블 코디네이터 양성 강좌, 파티 플래너 양성 강좌 등 푸드 코디네이터 교육기관이 늘어나고 있다. 이것은 테이블 코디네이트나 파티 플래닝에서 필요로 하는 지식이나 실기·운영 및 작품전의 개최 등 외부 분들께 보여드리는 경험을 통해 레벨 업, 스킬 업 하여 사회에 공헌할 수 있는 인재를 육성하는 것이다.

2. 식탁의 역사

1. 식탁사 – 유럽에 있어서의 식탁의 역사

고대 그리스에서는 연회 시 '크리네'라 불리는 긴 와대에 옆으로 누워 그 앞에 놓인 작은 테이블 위에 손을 뻗어가며 음식을 먹었으며, 음식을 다 먹은 뒤에는 테이블의 위치를 낮추어 놓았다고 한다. 대부분의 음식은 손으로 먹었으며 수분기가 있는 음식은 스푼을 이용했다.

■ 그림 2-2 ■ 그리스 시대의 식사

고대 로마시대 상류계급 사람들 연회에서는 '트리크리움'이라는 것을 이용하여 그리스시대처럼 옆으로 누웠으며 '토로소'라고 하는 쿠션으로 편한 자세를 유지했다. 중심에 있는 테이블에는 먹기 편하도록 적당한 위치에 음식이 놓여져 있었다. 트리크리움은 3인이 1조로 나란히 누웠으며 중앙부분에는 가장 최고의 사람이 앉았다. 이 시대에는 맛파라고 하는 요즘과 같은 냅킨, 글라스제인 컵과 볼, 은으로 만든 잔이나 스푼이 사용되기도 했다고 한다.

중세시대(1000~1450)에는 왕후귀족간에 성대한 연회가 자주 열렸었는데, 식사전용 테이블이 없었기 때문에 탁자 위에 쇠냄비를 올려놓아 바닥까지 닿는 식탁보를 덮어 식사전용 테이블로 사용했다고 한다. 게다가 식사 시 더러워진 손이나 입을 닦기 위해서 2장으로 자른 톱클로스가 1장씩 더 깔렸다고 한다. 테이블은 ㄷ자형으로 옆으로 손님들이

긴 의자에 1열로 앉았으며, 방의 구석진 곳에는 식기 선반이 위치하고 있어 재산이 되는
금은 식기류가 장식되어 있었다. 이것이 오늘날 뷔페의 효시가 된다. 식기 선반 위에는
연회 때 먹을 물이나 와인을 놓아두었다. 손님은 ㄷ자 모양으로 배치된 테이블 바깥쪽에
앉고, 서비스는 안쪽에서 행해졌다.

■ 그림 2-4 ■ **군주의 연회**

전면에 가장 높은 왕이 자리잡았고 역시 테이블 위에는 둥근 트렌쳐
가 놓여져 있다. 좌우에 손님들이 위치하고 있으며 발밑에는 포도주를
차갑게 보관하였다.

　손님 앞에는 접시 대신 나무나 금속으로 된 트랜쳐에 두껍게 자른 빵이 담겨 놓여졌고, 손님은 지참한 나이프로 고기를 잘라서 빵 위에 놓아 손으로 집어 먹었다. 음료는 독살을 막기 위해, 그리고 우정의 증거의 표시 등으로 그 당시 종합관리담당자를 불러 가지고 오게 하여 음료를 공유했다.

■ 그림 2-5 ■ **베리공의 연회**

베리공의 연회 전경으로 옷을 갖춰입은 집사가 서서 일하는 모습이
보인다. 나이프, 금으로 된 소금통, 네프가 있고, 그림에서 개가 걸어
다니고 있다.

　15~16세기(1450~1643)에는 금속제 식기류 사용이 많아진다. 베네치아 글라스가 가끔씩 리넨 위에 놓여졌고 왕후귀족은 손으로 식사를 한 후 그 손을 테이블 클로스에 닦았다. 영국에서 나이프가 사용될 때까지 유럽에서는 손으로 식사하는 습관이 지속되었다. 나이프는 요리인이 육류를 자르기 위해서 사용했고 스푼과 나이프는 여러 명에게 하나씩 분배되어 돌아가며 사용하는 방식이었다. 초기의 포크는 두 갈래로 나뉘어졌고 11세기 이탈리아에서 처음으로 사용되었다. 1533년 이탈리아 피렌체의 부호 카트린느 드 메디치가 프랑스의 프랑소와 1세의 손자인 앙리 2세와 결혼할 때 이탈리아 피렌체의 식문화와 귀부인들이 가끔씩 사용하던 도구인 베네치아 글라스, 자기, 은제 커트러리, 조각된 테이블을 프랑스로 가져온다. 또한 과자 만드는 사람이나 요리인 등도 동행시켜 프랑스의 식사와 미각에 혁명을 가져오게 된다.

■ 그림 2-6 ■ **연 회**

루이 13세는 혼자 중앙에 앉아 단독으로 식사를 하고 있다. 중세의 단촐한 식탁과는 대조적이며 넓은 녹색접시가 효과를 높이고 있다. 테이블 사이드에는 회식자(會食者)가 참석하는 방식이었다.

중세에는 목제 스푼을 포타쥬 같은 수프에 1개씩 공용으로 사용했었다. 16세기 후반에 스푼은 각 개인용으로 배분되었고 카트린느가 가져온 포크가 사용되기 시작한 것은 후의 앙리 3세 시대였다. 그러나 바로크(1643~1715)시대, 태양왕이라고 불렸던 루이 14세는 그래도 손으로 식사를 했다. 루이 14세는 많은 사람들이 지켜보는 공개회식을 즐기는 한편, 소수의 모임으로 하는 식사 스타일도 즐겼다. 17세기 후반에는 상류계층의 테이블 위에 나이프, 포크, 스푼이 놓여졌고 이니셜 등을 새겨 장식성을 높이는 경우가 많아졌다.

18세기에 들어 식사 전용의 방으로써의 식당이 생겨, 삼부로 구성된 프랑스 식 서비스로 불리는 소수의 우아한 식사가 궁정 등에서 행해졌다. 미리 접시의 오른쪽에 나이프, 포크, 스푼이 놓여졌다. 그러나 와인 글라스는 중세의 흔적으로 사이드 보드와 같은 소형 가구의 위에 놓여졌다.

■ 그림 2-7 ■ 18세기 소수의 식사 풍경

19세기 중반 경 나폴레옹 3세 시대에는 생선과 디저트용 등의 별도의 커트러리 등이 생산되었으며 테이블의 화려함을 돋보이게 하는 아이템이 되었다. 이 시기에는 서비스 방법으로써 러시아 식 서비스가 새롭게 확립되는데, 이 러시아 식 서비스가 접시의 양쪽에 나이프 · 포크를 두고 글라스를 늘어놓은 후 접시는 한 개씩 서비스되는 현대 프랑스 요리의 서비스이다. 현대의 서양요리는 이 러시아 식 서비스가 기본이 되었다.

일반 시민들은 식사전용 공간인 식당이 만들어지면서 일반적으로 사용하기 시작했다. 오늘의 식탁사는 중세 영국에서 시작하여 18세기 프랑스의 베르사유궁전에서 퍼져갔으며, 19세기에는 영국, 오스트리아, 그리고 프랑스에서 손으로 만들 수 있는 모든 식탁 예술품들이 선보이게 되었고, 20세기 초기에는 아메리카드림의 식탁 예술로 변화되어 현대의 자유스럽게 개성을 표현할 수 있는 테이블 어렌지먼트시대까지 온 것이다.

■ 그림 2-8 ■ 19세기 테이블세팅의 예

■ 그림 2-9 ■ 18세기 중세의 연회 풍경
코라시온이 화려한 것을 볼 수 있다.

3. 테이블 코디네이트의 기본 이론

1. 기획 의도

기획의 기본은 인간 · 시간 · 공간과 6W1H를 기본으로 하여 이루어진다.

■■ **6W1H의 구성요건**
- who(누가 먹을 것인가)
 식사를 하는 사람의 연령층, 개인 건강 상태, 기호도를 가능한 인식하는 것이 좋다.
- with whom(누구와 먹을 것인가)
 이것은 식사공간과 밀접한 관계가 있는 요소이다. 좌석의 위치 결정이나 분위기 결정이 가능하다.
- when(언제 먹을 것인가)
 기본적으로 1일 3식이 권장되고 있으나 연령이나 식습관, 개인의 생리상태에 따라 식사시간의 리듬은 변할 수 있다. 하지만 대부분의 인간은 체내시계(體內時計)에 따라 아침, 점심, 저녁으로 나누어 바이오 리듬과 식사시간 리듬이 밸런스를 맞추고 있다. 이에 따라 중식(重食)과 경식(輕食)을 나눌 수 있어야 한다.
- where(어디서 먹을 것인가)
 식사를 제공하는 장소가 어느곳이냐에 따라서 서빙 방식, 테이블 형태, 커트러리, 센터피스 등이 결정된다.
- what(무엇을 먹을 것인가)
 메인 요리가 무엇이냐를 결정하는 것은 매우 중요하다. 여기에서는 첫째 요소인 who에서 파악된 상대의 기호도를 반드시 체크하도록 하고, 유행하는 음식 트렌드에 맞는 요리를 만들어 제공할 수 있도록 한다.
- why(무엇을 위하여 먹을 것인가)
 영양학적인 동기, 더욱 맛있게 먹기 위한 심리만족과 기호적인 동기, 건강증진을 위한 동기, 즐거운 상호교류의 장을 만들기 위한 동기 등 여러 가지 이유에서 음식을 만들고 식공간이 연출된다.
- how(어떻게 먹을 것인가)
 위의 조건에 따라 요리를 결정하고 식사도구를 결정하며, 서빙 방식, 어울리는 배경음악 등 테이블 코디네이트를 하기 위한 마무리 작업을 한다.

위의 T.P.O.와 6W1H의 계획과 조화력은 테이블 코디네이트의 주요 요소이다.

2. 테이블 디자인의 기본 요소

1) Rule

식사를 할 때는 사회적으로 공통인식이 정해져 있다. 이 정해진 문화에 의해서 민족, 연령, 종교, 언어가 다를지라도 하나가 되어 공통체의식을 갖고 즐겁게 식사를 즐기는 것이다. 또한 테이블 위에 올라가는 그릇의 배치도 먹기쉽고 아름다우며 몸에 익숙하게끔 정해진 것이다. 자신이 좋다고 해서 각 나라의 정해진 문화를 마음대로 바꿔버릴 수는 없는 것이므로 문화나 사회 공통인식에 맞는 범위 내에서 자신의 감각을 표현할 수 있도록 해야 하겠다.

2) Time

여럿이 식사를 할 때의 즐거움은 역시 사람과 사람과의 커뮤니케이션에 있다고 보여진다. 이 커뮤니케이션을 부드럽게 연결시키기 위해서는 상대방의 공통된 관심사가 필요한데, 누구나가 같이 행복해질 수 있는 주제는 바로 계절이나 행사의 목적에서 찾을 수 있다. 실내에서 이루어지는 식공간 연출이지만 먹는 음식이나 꽃, 식기 등을 통해서 표현되는 계절감은 대화의 분위기를 이끌어내는 중요한 요소가 된다.

3) Sense

센스라고 하는 부분은 테이블 코디네이터가 갖고 있는 기본적인 감성과 감각, 그리고 지식의 결합체라고 볼 수 있다. 봄, 여름, 가을, 겨울의 계절에서 사람에 따라 계절감을 느끼는 요소들은 모두 다르기 때문에 테이블 코디네이터가 연출해낸 새로운 계절감의 표현에 사람들은 새로운 즐거움과 신선함을 얻으면서 행복한 식사의 장을 전개해 나갈 것이다.

테이블 코디네이터는 누구에게나 공통된 즐거움과 편안함을 전달해 나가야 하는 사람으로 시간과 공간의 조화(harmony)를 전제로 하면서 자신만의 독특한 개성을 연출할 수 있어야 하겠다.

테이블 스타일링의 기본과 구성 요소

1. 테이블의 구성

1) 테이블의 사이즈

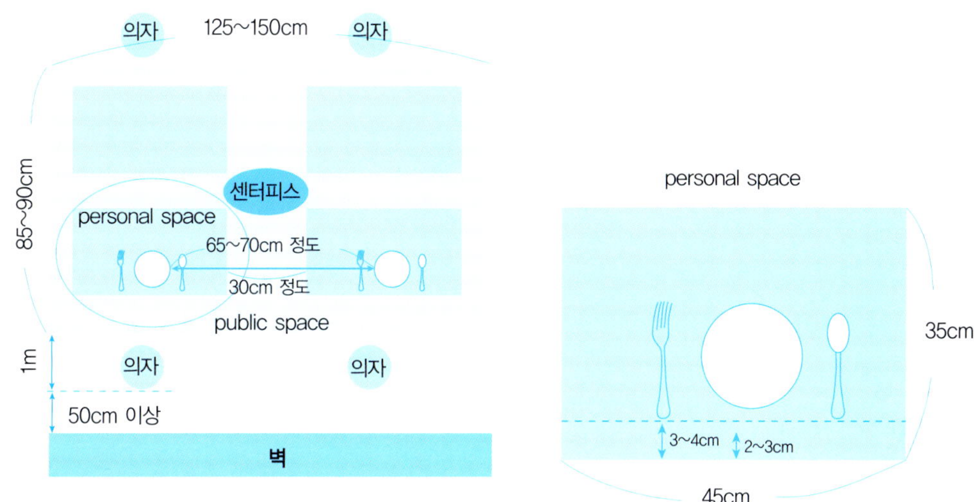

2) 테이블 코디네이트의 포인트

① 서비스(service)

적재적시의 음식 서비스와 부드러운 배려의 서비스는 식공간 코디네이트의 필수 포인트이다. 서비스 받기 쉬운 식기와 item 선정이 요구된다.

② 즐거움(surprise)

식사 중의 모든 것에서 즐거움과 좋은 기억을 얻어 갈 수 있어야 한다.

③ 감동(sophisticate)

먹는 사람과 요리를 포함하여 조화있는 식공간 연출이 되도록 해야한다.

2. 테이블 코디네이트 아이템

식사에 사용하는 기구는 음식을 담기 위한 식기(용기)와 음식을 덜어서 입에 넣는데 사용하는 식 도구로 크게 구별된다.

좋은 테이블 웨어로써는 ① 재질이 식사양식 그리고 목적에 어울리는 것(도자기, 칠기, 금속기, 유리 제품, 목기, 죽기 등의 질김이 중요), ② 형태나 크기 등이 식사양식이나 목적과 어울리는 것, ③ 열전도성이 적은 것, ④ 비중이 적당한 것(지나치게 가볍거나 무겁지 않은 기분 좋은 무게가 바람직하다) 등이 있다.

1) 식기 · 식 도구

⑴ 한국의 식기 · 식 도구

한국에서는 계절과 재료에 따라 알맞는 식기를 사용하였는데 겨울철에는 보온을 위해 유기식기(鍮器食器)를 사용하였고, 여름철에는 시원하게 보이기 위해 사기식기를 사용하였다.

한국의 옛 도자기는 선이 곱고 색이 순하여 내적인 품위와 동양인의 조용한 정신자세를 상징한다고 한다.

한국 도자기의 역사는 약 4,000년 전 북방으로부터 집단으로 이동해 와서 생활하기 시작한 토착민의 무리로부터 시작되었다. 돌로 용기를 만들어 사용한 석기시대 이후 삼국시대에는 토기가 완전히 생활화되었으며, 일상용기로 토기를 가장 많이 사용해 한국 도자기 발달에 크게 공헌하였다.

통일신라시대의 토기는 모양이 세련되고 도장무늬 위에 연유(鉛釉)의 변화가 있는 유색(釉色)의 조화로 크게 발전하였다. 수천년 동안을 함께 발전하여 온 토기 문화는 고려의 건국으로 쇠퇴하였으나 이 쇠퇴는 고려청자를 탄생시켰다. 10세기 초에는 그때까지 만들어지던 삼국과 통일신라시대의 토기에서 벗어나 기능적인 용도와 실용적인 형태의 자기(瓷器)를 제조했다.

고려시대의 도자기는 토기·청자기·백자기·연유에 의한 유색(有色) 도기 등이 순조롭게 제작된 문화진작(文化振作)의 시기로 볼 수 있다. 고려에서는 '비색(翡色)'이라고 할 만큼 유색에 대한 관심이 높았다. 그러나 12세기에 접어들어 순청자시대가 물러나고 상감(象嵌)청자의 기법이 개발되면서 그 양상이 변한다. 상감기법은 질과 양이 고려청자 중 가장 뛰어나 거의 1세기 동안 전성시대를 이루었으나, 1231년 몽골이 침입하여 고려가 원나라의 영향 하에 있으면서 상감기법을 비롯해 비취색과 선이 없어지고 서서히 실용성과 안정감을 보이다가, 14세기 말 고려의 망국과 함께 퇴조하였다.

조선시대에 접어들면서 청자의 유연한 곡선은 단조롭고 둔해졌으며, 기벽이 두껍고 투박해졌다. 무늬 역시 단순화되면서 섬세하던 상감무늬 대신 기능적인 도장무늬로 변하였다. 조선자기의 전신은 고려 말기의 청자임이 분명하나, 조선자기와 고려자기는 서로 다른 특성을 가지고 있다.

고려의 도자기는 초기부터 말기까지 청자가 주류였으나, 조선시대의 도자기는 처음부터 분청사기와 백자기가 병행되어 사용되었다.

임진왜란 이후에는 색을 피한 평범하고 소박하며 큼직한 서민적인 순백의 자기가 주를 이루게 된다. 조선시대에 만들어진 도자기는 고려 말 퇴락한 청자의 맥을 이은 조선청자와 청자에서 일변한 분청사기, 초기의 고려계 백자, 원(元)·명(明)계 백자 그리고 청화(靑華)백자의 영향을 받아 발달된 도자기로 크게 분청사기와 백자기로 구분한다.

36년 간의 일제 강점기 하에서 한국의 도자기는 보잘것 없이 퇴보하였고, 모양은 지극히 평범하여 자연히 기교가 없어졌으며, 시유방법까지 간편한 방법으로 처리하여 그야말로 막사발의 분위기가 역력한 그릇으로 변한다.

그러나 평범하기 그지 없는 막사발들은 조선시대와 현대의 도자기를 이어 주었다. 8·15 광복과 6·25 전쟁을 겪는 동안 크게 발달하지 못한 한국의 도자기 공업은 60년대를 시발점으로 급속히 진전되면서 현대적 시설의 공장이 속속 건설되어 국내 수요는 물론 수출산업으로까지 발전하게 되었다.

현재에는 현대화된 공장이 날로 증가하고 있으며 국책산업으로 지정, 육성되고 있다.

●한국 식기의 형태와 크기

주발 : 남자용 밥그릇, 바리 : 여자용 밥그릇 · 대접 : 숭늉 · 국수 그릇, 탕기 : 국그릇, 조치보 : 찌개
그릇, 보시기 : 김치그릇, 쟁첩 : 뚜껑있는 반찬그릇, 종지 : 간장 · 초장 · 초고추장 등 장류그릇,
작은합 : 밥그릇, 큰합 : 떡 · 약식 · 찜그릇

■ 그림 2-10 ■ **한국의 식기**

(2) 일본의 식기 · 식 도구

① 일본 식기의 형태와 크기

화식의 식기는 손으로 들 수 있는 크기와 무게(약 100g)로 정원(원모양)이나 사각형
(정방형)의 식기가 정형적인 형태이며 매우 격식 있는 것이다. 장방형의 접시나 부채꼴
모양, 나뭇잎 모양 등 비정형의 변형접시도 많다.

●밥그릇 · 국그릇(碗 · 椀)

밥그릇, 국그릇(직경 10~20cm) : 화식 식기의 규정 치수는 완이라고 하며(주로 도자
기로 만든 것), 椀(나무로 만든 것)의 구경이 남성의 것은 약 12cm, 여성의 것은 약
11.5cm로 되어 있다.

●대접(鉢)

• 작은 대접 : 1인용 · 작은 사발(직경 15cm)

• 중간 대접 : 2~3인용(직경 13~16cm)

- 큰 대접 : 여러 사람용(직경 16cm 이하)
- 사바치(平鉢) : 접시에 가까운 얕은 대접
- 심발(深鉢) : 완과 같은 깊은 대접
- 돈부리(どんぶり) : 밥·면 종류(직경 16~17cm)를 담는 그릇
- 모리바치(盛り鉢) : 입구가 큰 대접
- 쵸코(ちょく) : 입구가 좁고 깊은 것으로 회나 초친 음식을 담는 잔 모양의 작은 접시

■ 그림 2-11 ■ **밥그릇·국그릇(碗·椀)**

● 접시(皿)

- 작은 접시 : 직경이 12.1cm 이하인 덜어먹는 접시
- 중간 접시 : 직경이 약 12.1~21.2cm 이하인 개인 접시
- 큰 접시 : 직경이 21.2cm 이하인 평평하고 얕은 접시

● 젓가락 종류

길이는 20~24cm, 무게는 23g 전후가 사용하기 쉽다. 각종 옷 칠한 젓가락, 적삼의 利休箸(다회석용(茶懷石用) : 션리큐(千利休)가 고안한 젓가락), 버드나무 젓가락(柳箸 : 축하용-백색, 잘 접히지 않는다), 天そげ箸(식사용 : 더는 젓가락용, 와리바시보다 길다) 등이 있다.

■ 그림 2-12 ■ **젓가락의 종류**

② 일본의 도자기류

도자기는 생산하는 토지의 점토 성질에 따라 토기·석기·도기·자기로 크게 구분되어지는데, 토기는 지금의 화분용으로밖에 사용되지 않는다. 같은 원료라 할지라도 불꽃의 상태에 따라 점토 중의 철분변화가 다르기 때문에 색이나 견고함 등이 다르게 된다. 또한 유약 종류에 따라서도 색조에 특징이 나타난다.

◐ 표 2-1 ◑ 도자기 종류와 그 특징

도자기의 종류 영명	사기 (Stoneware)	도기 (Chinaware)	자기 (Porcelain)
원료	점토	점토	점토
굽는 온도	1,200~1,300	1,100~1,200	1,200~1,400
유약	바르지 않는다(자연釉)	바른다	바른다
흡수성	없다	있다	없다
투명성	불투명	불투명	투명
특징	비교적 고온에서 굽기 때문에 단단하게 구워져 물이 새지 않는다. 유색도자기로 투명성이 없으며, 손가락으로 튕겼을 때 도기보다 맑은 소리가 난다.	저온에서 구웠기 때문에 도기가 단단하게 구워지지 않아, 물에 넣으면 물이 내부에 침투된다. 빛을 통과시키지 못하며, 손가락으로 튕겼을 때 둔탁한 소리가 난다.	고온에서 구워내어 완전히 단단하게 구워져 있다. 그림을 그릴 수 있다. 투광성이 있으며, 손가락으로 튕겼을 때 청량한 소리가 난다.

• 토기_ 구운 그릇의 분류 중 가장 원시적인 것으로, 대부분은 유색의 흙을 저화도(1,000℃ 이하)에서 굽기 때문에 윤기는 없고 기본적으로 흡수성이 있다. 부서지기 쉽기 때문에 현재는 그다지 식탁에 등장하지 않는다.

• 자기_ 본래 색이 있고 돌과 같이 딱딱하여, 소성온도는 900~1,400℃ 정도로 자기보다 낮고 도기보다 높다. 윤기는 칠해져 있는 것과 칠해져 있지 않은 것이 있다.

- 도기_좁은 의미로는 흡수성이 있는 기본에 광택이 있는 구운 그릇을 의미하며, 넓은 의미로는 자기 이외의 구운 그릇, 즉 토기, 화석기, 도기 등의 총칭을 의미한다. 점토를 저온(1,000~1,200℃)에서 구워 광택을 칠한 것으로, 둥글둥글하고 따스함이 있어 두드리면 둔탁한 소리가 난다.
- 자기_굽는 온도는 1,300~1,400℃이며, 기본은 흰색으로 약간 투명하거나 또는 반투명하다. 전혀 흡수성이 없어, 경도는 도기에 비하여 딱딱하며, 대부분은 광택이 있다.

■■ 경질자기와 연질자기

경질자기와 본 차이나라는 연질자기가 있다.
경질자기는 석질과 카오린이라는 자기토를 고온에서 딱딱하게 구워내어 광택을 칠한 것으로, 새하얗고 투명감이 있어 두드리면 맑은 소리가 난다.
연질자기(본 차이나)는 카오린 대신에 소의 골을 넣어 구운 것으로, 투명감이 있고 견뢰하다(웻지, 스폰드 등).

■■ 도자기 취급방법

도기는 사용하기 전에 펄펄 끓여 도자기의 상태를 다잡는다. 자기는 흡수성이 없기 때문에 끓일 필요는 없지만, 금채나 은채의 도자기는 전자렌지에 사용하면 변색한다. 도기나 석기로 구워진 것은 소지와 유약의 수축률로 그릇의 표면에 금이 생겨 물기나 기름기가 침투하기 쉽기 때문에 요리를 담기 전에 충분히 물을 머금게 한 뒤에 사용한다. 그래서 일본에서는 종이나 가는 대나무(笹) 등을 얹어 튀김요리나 생선회 등의 요리를 담는다. 이는 옻칠(上塗リ)을 하지 않은 나무나 죽제의 그릇에 담을 때도 마찬가지이다.

③ 칠기(漆器)

칠기는 옻나무 액을 표면에 칠하여 만든다. 바탕 소재로는 목재가 가장 많고, 그 외에 대나무, 종이, 가죽, 마포, 금속, 도기, 합성수지 등이 사용되어진다. 일본을 비롯하여 중국, 한국, 베트남, 타이 등에서 발전한 전통공예품 중의 하나인 쟈판(ジャパン)이라는 명칭으로 세계에 알려져 있다. 일단 건조시킨 옻은 산, 알칼리, 염, 알코올에 강하며, 내구

성, 방부성이 높아 식기로 매우 뛰어나다. 일본 칠공예의 기초는 나라시대에 확립되었다 (각 산지의 특징이 옻의 색과 칠이나 장식 법으로 나타난다).

일본에서는 완(椀, 밥그릇이나 국그릇류), 오시키(おしき, 모난 나무쟁반) · 쟁반, 平皿, 盛り鉢, 음식을 더는 접시, 盃, 젓가락, 작은 접시, 쥬우바코(重箱, 정월용의 오단, 이단의 도시락찬합 등) 등이 화식 식기로 널리 사용되고 있다.

> **■■ 칠의 종류**
>
> • 나뭇결을 보이는 칠
> 투옻을 바르며 본래 나뭇결의 아름다움을 보이는 것이다.
> • 본래 칠
> 일반적으로 옻칠이라고 불리는 것으로, 초벌바름, 중간바름, 윗바름으로 여러 번 겹쳐 바르기 때문에 밑바탕은 보이지 않는다. 장식을 더하는 방법으로는 풀 그림, 옻 그림, 침금, 나전 등이 있다.
>
> **■■ 칠기의 취급방법**
>
> 상처가 생기기 쉬우므로 양손으로 조심히 취급한다(수세미 종류나 클렌저(금속기 등을 닦는 가루)는 사용하지 않는다). 사용 후는 바로 씻는다(물을 계속하여 접촉시키는 것은 금물). 약한 중성세제를 사용하고 미지근한 물로 2~3회 정도 헹군다. 부드러운 천으로 습기가 없어질 만큼 닦는다(뜨거운 물은 얼룩이나 변색을 일으킬 수 있으므로 금물). 과도한 습기나 열, 건조는 금이 생기는 원인이 된다. 전자렌지 사용은 금지한다.

④ 그 외

● 대나무

바구니나 소쿠리, 발, 젓가락, 스푼 등의 죽세공품이나 그것에 옻칠을 한 것은 형태나 질감이 다양하다(쟁반, 개인접시, 젓가락 등).

● 유 리

접시종류, 대접, 쟁반, 젓가락 받침대, 컵 등 여러 가지 유리제품이 있다. 江戶切子, 薩

摩切子는 일본 컷트 유리의 대표로 투명한 유리의 바깥부분에 색이 있는 유리를 덮어 씌워 그곳에 부분적인 컷 모양을 새기는 것이다.

●나 무

나무 그릇 중 대표적인 것으로는 도시락 찬합이나 밥통(나무밥통), 술의 나무통, 쟁반 종류(느티나무, 뽕나무, 소나무 등의 백목), 스푼, 주걱 등이 있다.

■ 그림 2-13 ■ **칠기류와 나무그릇의 예**

(3) 서양의 식기 · 식 도구

서양식기는 크게 금속기(silver ware), 도자기(china ware), 컵(glass ware)의 세 가지로 나눌 수 있다.

　서양식기의 역사적 배경에 기초한 미술양식, 국가별 전통, 각 제조사의 특징 등이 반영되어 있다. 유럽에 있어서 도자기 재질의 대부분은 자기(Porcelain : 카리온이라 불리는 장석을 갈아 분말상태로 한 것에 물을 넣고 혼합 반죽하여 그 끈기 있는 상태로 완성한 후 1,300℃ 전후의 고온에서 구워낸 것)와 영국에서 개발된 본 차이나(Bone china : 소나 양의 뼈를 구워 분말로 만든 것을 혼합하여 구워낸 골회-동물의 기름을 뺀 뼈를 태워서 빻은 가루-자기)가 있다.

① 서양식기의 형태와 크기

● 접시 종류

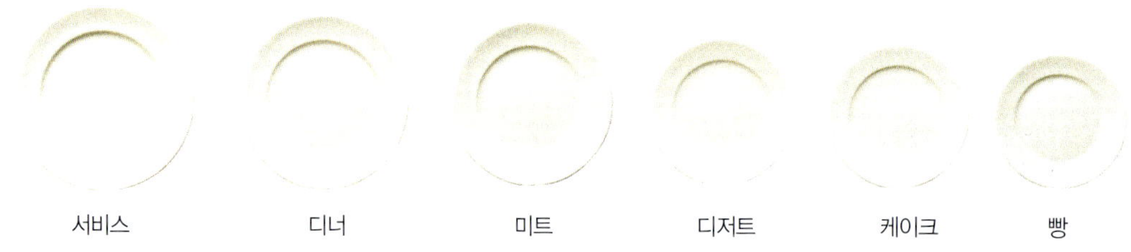

■ 그림 2-14 ■ **접시의 종류**

- 서비스 접시(service plate) : 위치접시, 장식접시, underplate(직경 27~32cm)
- 디너 접시(dinner plate) : 스테이크, 로스트 등의 메인디쉬용. 포멀식탁에서 위치를 결정하는 접시이거나 서비스플레이트의 역할을 하기도 한다(직경 25~27cm).
- 미트 접시(meat plate) : 메인디쉬도 올려지며 필라프나 볶음요리 등 자유롭게 사용된다(직경 23cm).
- 디저트 접시(dessert plate) : 오르되브르, 샐러드, 디저트, 과일용(직경 18~21cm)
- 케이크 접시(cake plate) : 과자, 샌드위치(직경 18cm)
- 빵 접시(bread plate) : 개인 접시, 빵 접시(직경 16cm)
- 수프 접시(soup plate) : 수프나 시츄용(직경 21~23cm) 등이 있다.

- 크레센토(cressent) : 디너 접시 옆에 같이 놓이며 샐러드나 溫야채요리 등을 놓는다. 디너 접시의 효과를 높이기 위해 사용되는 접시이다.

● 컵 종류

- 커피(coffee cup) : 200cc 전후이며 밀크나 코코아 등을 담아 먹기도 한다.
- 홍차(tea cup) : 내용량은 200cc 전후이며 향기가 있는 티 등에 사용한다. 입구가 넓게 벌려져 있는 것이 특징이다.
- 데미타스(demitasse cup) : 100cc 전후이며 식후의 커피 서비스용 컵이다.
- 머그컵(mug cup) : 280cc 전후이며, 커피, 밀크, 코코아 등을 먹는 데 캐주얼하게 사용된다.
- 부용컵(bullion cup) : 콘소메나 포타쥬 등의 수프를 담는 포멀테이블 세팅에 사용되는 아이템으로 크림수프 등을 담아도 좋다.

■ 그림 2-15 ■ **컵의 종류**

● 볼 종류

- 시리얼볼(cereal bowl) : 콘프레이크나 샐러드, 데친요리 등을 담는 용기이다(직경 16~17cm).
- 샐러드볼(salad bowl) : 샐러드나 물기가 있는 찜요리 등의 다양한 요리를 담을 수 있다(직경 20~25cm).

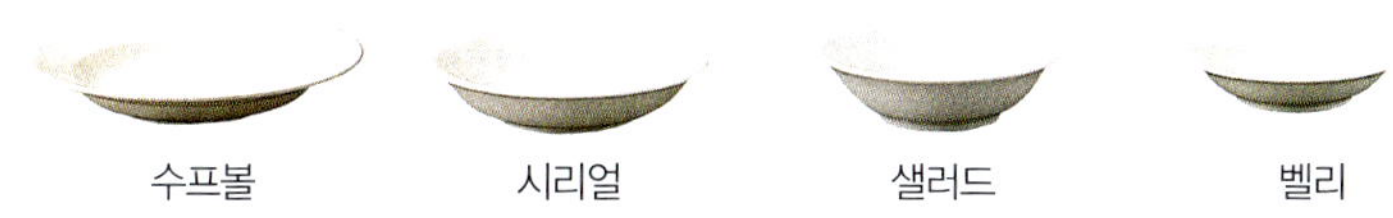

■ 그림 2-16 ■ **볼의 종류**

② 은기 · 금속기

젓가락을 사용하여 밥을 먹는 일본이나 중국에 비해 식 도구의 종류가 많은 것이 서양의 특징이다. 나이프, 포크, 스푼 등의 식 도구를 커트러리라 한다. 커트러리(cutlery)란 라틴어에서 유래된 것으로 「물건을 자르다」라는 의미가 미국에 전해져 영어의 커트러리라는 발음이 되었고, 나이프, 포크 등 식탁용 금속제품을 지칭한다. 그에 반해 실버웨어(silver ware)는 은식기 등을 총칭하는 말로, 나이프, 포크류 외에 테이블 위에 올라가는 모든 은제품을 포함하여(개인용 커트러리와 여러 사람용 서비스용기) 말한다. 1840년 경부터는 양은(洋銀)이라는 은가공기술이 발전하면서 순은제품이 아니더라도 실버웨어라는 말을 쓰게 되었다. 보기에 매우 아름다우며, 음식의 맛을 변화시키지 않는 은제품이 최상급으로 금이나 은 도금제품은 그 다음이다. 일반적으로 레스토랑이나 가정의 일상용으로는 저렴하고 튼튼한 스테인리스 제품이 적합하다.

은제품은 광택이 뛰어나고 열전도율이 금속 중에서 가장 높지만, 산에 약하고, 쉽게 상처가 생기며, 공기 중 산소에 의해 산화되어 거무스름해지는 결점이 있다.

은 92.5% 이상을 스터링 실버(순은)라 하여 최상급으로 한다. 이는 quality로 보장되며, 16세기 영국에서 처음 사용되었다. 홀마크라고 불리는 4가지의 각인이 붙어있는데, 이 중에 한 가지는 제조사 마크이다.

● 개인용 커트러리

• 나이프(테이블 나이프, 피쉬 나이프, 버터 나이프, 후르츠 나이프, 디저트 나이프)

• 포크(각 나이프에 대응하여 테이블 · 피쉬 · 후르츠 · 디저트의 포크)

• 스푼(테이블 스푼, 수프 스푼, 부용 스푼, 티 스푼, 데미타스커피 스푼 등)

• 나이프 · 포크 · 스푼 종류의 모양은 골고루 갖추어 놓을 것.

• 피쉬 나이프 대신에 소스 스푼이라 불리는 소스를 쉽게 뜰 수 있는 스푼도 사용된다.

● 여러 사람용 커트러리

• 래들(ladle) 종류(스푼, 소스, 펀치용 등은 개인용 스푼과는 달리 모양이 구부러져 있다)

- 샐러드 서버(전용 스푼과 포크를 함께 사용)

- 카빙나이프 · 포크(로스트 고기를 잘라 분배할 때 쓰는 전용 서버)

- 케이크나 빵을 분배한다.

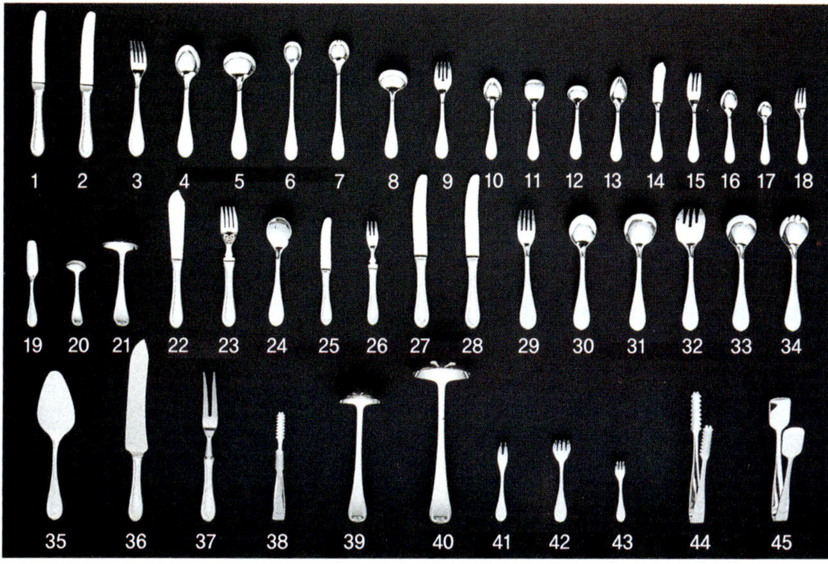

1. 디저트나이프
2. 디저트나이프
3. 디저트포크
4. 디저트스푼
5. 디저트수프스푼
6. 소다스푼
7. 멜론스푼
8. 부용스푼
9. 샐러드포크
10. 티스푼
11. 아이스크림스푼
12. 아이스스푼
13. 그레이프후르츠스푼
14. 버터나이프
15. 케이크포크
16. 커피스푼
17. 데미타스스푼
18. 히메포크
19. 버터스프레더
20. 슈거스푼
21. 소스스푼
22. 피쉬나이푼
23. 피쉬포크
24. 피쉬스푼
25. 후르츠나이프
26. 후르츠포크
27. 미트나이프
28. 미트나이프
29. 미트포크
30. 소스스푼
31. 서비스스푼
32. 서비스포크
33. 샐러드서비스스푼
34. 샐러드서비스포크
35. 케이크서버
36. 커빙나이프
37. 커빙포크
38. 아이스집게
39. 스프래들(中)
40. 스프래들(大)
41. 에스카르고포크
42. 오이스터포크
43. 칵테일포크
44. 아이스집게(大)
45. 케이크집게

■ 그림 2-17 ■ 커트러리류

■■ 은기 취급법

사용 후는 중성세제를 녹인 미지근한 물에서 가능한 한 빨리 씻는다. 씻을 때는 천 조각이나 가제수건(수세미나 스펀지는 피한다)을 사용하여 한 개씩 정성스럽게 씻는다(한 개의 볼 안에 모두 넣고 달가닥 거리며 씻지 않는 것이 중요하다). 완전히 헹군 뒤에 마른 천으로 수분을 닦도록 한다.

스테인리스 제품은 그대로 수납하지만, 은제품은 케이스나 천에 넣어 보관한다(장기간 사용하지 않을 거라면 랩으로 감싸두는 것이 좋다). 은제품은 고가이며, 사용하고 있는 동안 산화하여 검게 변하기 때문에 정기적인 관리 및 유지가 필요하다.

③ 글라스 종류

글라스가 언제 만들어져 처음 사용되었는지는 확실히 알 수 없지만 유리에 관한 가장 오래된 기록은 B.C. 1700년 경 메소포타미아에서 전해지고 있다. 그러나 이집트인들은 이미 B.C. 3000년 경 전부터 돌구슬에 유리질의 유약을 사용하였으며, B.C. 1350년 경으로 짐작되는 유리 제조공장의 유적이 현재까지 남아있다. 최근 이집트와 메소포타미아에서 발견된 유리제품은 최초로 만들어진 것으로 사료되며, 서로 유사한 점이 있으나 그 중 어떤 것이 최초의 제품이며 최초의 지역인지는 알 수 없다. 당시의 유리는 오늘날의 상식으로 말하자면 고작 유리의 이미지를 갖는 것이었다. 서력 1세기 경 로마시대에는 글라스제 컵, 접시, 램프 등은 일용품으로써 사용했고 이런 것을 로만 글라스(roman glass)라고 불렀으며, B.C. 1세기 경 새로운 로마 제정시대로부터 로마제국이 분열할 무렵 시돈(Sidon)에서 유리조형사상 세기적인 생산기술 혁명이 일어났다. 이 기술은 유리 불기법(Glass Blowing)이라고 불리는 것으로, 철 파이프 앞 끝에 유리를 물방울 같이 말아 올려 둥글게 하고, 반대편 끝에 공기를 불어넣어 유리를 풍선과 같이 부풀려 성형하는 방법이다. 부풀려진 유리는 바깥 공기와 닿는 면적이 넓어 800℃ 전후의 굳지 않은 유리도 급속히 냉각되며, 소형은 2~3분으로 딱딱하게 고화되고, 대형의 것도 10분 정도면 고화한다. 각각의 형틀로 소량을 만들던 시대로써는 생각할 수 없었던 대량생산이 가능하게 되었던 것이다. 이 기술을 이용하여 무엇이든 원하는 모양으로 만들 수 있게 되었으며, 유리를 틀 속으로 불어넣거나 완전히 자유로운 형태로 만들 수 있었다. 로마인들은 유리의 층을 깎아내어 도안을 양각한 카메오유리를 완성했다. 이 유리불기법은 오늘날에도 그대로 전해져, 기본적인 유리기법으로써 세계에서도 널리 꾸준히 사용되고 있다.

이 문화는 영국을 포함한 유럽 전토에 전해지면서 각각의 글라스 문화는 발전하기 시작하였다. 로마제국의 멸망과 함께 유럽에서의 로만 글라스가 쇠퇴하고 그 대신으로 이슬람 문화의 발전과 함께 13~14세기에는 이슬람 글라스가 발전을 하게 된다. 에나멜색채 컷트가공, 에나멜채화, 선묘화 등의 기술이 특징적으로 나타난다.

소다 글라스가 14세기의 베네치아에서 발명되었다. 16세기 말에 카리 글라스를 발명한 보헤미아 크리스탈이 17세기에는 유럽시장의 중심이 되었다. 한편, 영국에서 발명된 납(鉛)크리스탈은 현재 최고의 크리스탈(水晶) 글라스로 알려져 있다. 글라스는 크리스탈, 세미 크리스탈, 소다 글라스 순으로 투명도, 광택도, 경질도가 낮으며 값도 낮아진다.

● 글라스의 명칭과 용도

〈디너 테이블에 세팅하는 글라스〉

- 고블렛(goblet : 300~350ml) : 레스토랑에서는 물이나 음료수를 담는 글라스로 사용된다. 맥주나 소프트드링크용 글라스로도 사용된다.

- 와인 글라스(red wine : 180ml) : 보르도 와인이나 빈티지 와인 등 고급 와인일 경우는 큰 와인잔을 사용한다. 부르고뉴산 와인일 경우는 붉은 와인의 색과 향을 즐기는 경우가 많으므로 300~500ml 정도의 잔이 적당하다.

- 화이트와인(white wine : 150~) : 화이트와인은 차갑게 마시는 경우가 많으므로 와인의 온도가 높아지지 않기 위해 비교적 작은 글라스를 선택하는 것이 적당하다.

- 쉐리 글라스(sherry glass : 60~90ml) : 스페인 남서부산 와인인 쉐리를 담는 글라스로 알코올도수가 높기

레드와인 glass류

화이트와인 glass류

샴페인 glass류

디켄더

■ 그림 2-18 ■ glass류 명칭

때문에 소량씩 먹을 수 있도록 작게 만들어졌다.

- 샴페인 글라스(champagne glass : 150～250ml) : 스파클링 와인이나 샴페인에 적당하다. 결혼 피로연이나 건배를 위한 모임용으로 사용된다. 입구부분이 넓고 낮기 때문에 접시형(saucer) 글라스라고도 부른다.
- 샴페인 글라스(champagne glass : 150～240ml) : 샴페인이 갖고 있는 작은 기포를 천천히 보면서 즐기는 경우에 사용되며 발포성을 촉진시킨다. Flute형 tall 샴페인 글라스 타입으로 불린다.
- 셔벗 글라스(sherbet glass : 200～250ml) : 디저트용 그릇으로 아이스크림이나 셔벗, 푸딩 등을 담는 데 사용한다.
- 칵테일 글라스(cocktail glass : 90～180ml) : 일반적으로는 90ml가 표준이다. 단시간에 마실 수 있는 마티니 종류의 쇼트드링크를 담는 글라스이다.
- 브랜디 글라스(brandy glass : 240～360ml) : 식후주의 대표라 할 수 있는 브랜디의 강한 향을 즐기기 위한 잔으로서 입구형의 독특한 특징을 갖는 잔이다.
- 올드패션드 글라스(old fashioned glass : 210～350ml) : 얼음을 넣고 위스키 등을 마실 때 사용하는 잔으로 언더락잔이라고도 부른다.
- 텀블러(tumbler : 180～300ml) : 물잔이나 맥주잔, 알코올과 비알코올성음료를 혼합한 롱드링크나 청량음료잔으로도 사용된다.

그 외 식탁의 글라스용기로 디켄터나 피쳐 등이 있다.

●글라스 취급 방법

다른 식기와 함께 씻지 않는다(중성세제를 사용하여 부드러운 스펀지로 조심히 씻는다). 세정 후에는 따뜻할 때 전용 천으로 감싼다(입이 닿는 부분, 글라스의 안쪽·바깥쪽에 지문을 남기지 말 것). 운반할 때는 트레이를 반드시 사용한다(단, 다리부분이 있는 와인 글라스나 고블릿 등은 거꾸로 하여 다리 부분을 들어도 좋다). 고품질, 고가격의 제품일수록 깨지기 쉬우므로, 취급할 때 주의를 기울인다. 먼지가 들어가지 않도록 선반에 넣어 두는 것도 중요하다.

(4) 중국의 식기·식 도구

영어로 중국을 의미하는 「CHAINA」는 자기의 대명사이기도 하다. 6세기 말 진나라 때부터 왕실에 헌상하기 시작해 명(明), 청(邢)대에 이르러서는 황실 전용 도자기 공장인 '위치창'까지 설치했고, 유럽과 중동으로 수출하면서 최고의 전성기를 누렸던 경덕진(景德鎭)은 역사가 남긴 발자취에 힘입어 오늘날까지도 '도자기의 도시'로 널리 알려져 있다. 일본을 비롯하여 아시아, 유럽 등의 도자기 루트를 예로 들면 모두 중국에 그 기원이 있다고 말한다.

2세기 경(후한대)에는 청자, 6세기에는 백자, 7세기에는 당삼채(백 녹, 적갈색)가 등장하여 당시의 일본에도 많이 수입되었다. 12세기(명·청 시대)에는 오채의 기법이 발명되어 「景德鎭窯」는 관요(官窯)로 하여 번성했다.

청화(순백의 바탕에 청색의 문양을 그린다), 분채(유럽의 칠보기술을 수용한 기법), 금채, 두채(잠두콩의 초록색과 담청록색의 조화의 장식) 등의 그림을 그리는 기법은 지금까지 지속되고 있으며, 최근에는 호타루야키(조각한 부분에 투광성 유약을 집어 넣어 구워내면 모양이 표면에 올라온다)가 유명하다.

공용으로 사용하는 것(커다란 접시와 대접)과 개인용(밥그릇, 국그릇, 덜어먹는 접시, 숟가락, 잔)으로 대별된다.

① 중국식기의 형태와 크기

●밥그릇과 국그릇류

• 탕완 : 수프를 담는다(개인용 190㎖～다인용 1,000㎖).

• 차완 : 차를 마시는 사발

●접시 종류

• 盤(판) : 요리를 담는 커다란 접시(직경 30cm)

• 종지(띠에즈) : 盤보다 작은 원형 접시(10～15cm). 평평하고 얕은 그릇

●사발 종류

• 盆·盆子(샤꾸오) : 盤보다 조금 깊이 있는 음식을 담는 사발(직경 30～40cm)

    • 쩽 : 중화동이나 수프용의 깊은 사발(직경 20~24cm)
- ●컵
    • 술잔(술용), 물잔(컵), 口湯杯(코탕베이 : 따뜻한 물만) 등의 잔 종류
- ●젓가락 종류

기원전부터 젓가락이 사용되었으며, 상아, 나무, 대나무 등의 재질로 된 것이나 옻칠을 하거나 조각을 새긴 것도 있다. 최근에는 와리바시도 사용하고 있다.

숟가락 종류로는 茶匙(차티 : 티 스푼), 湯匙(타이츠이 : 손잡이가 짧은 숟가락) 등이 있다.

2) 린넨

테이블 클로스는 식사용이냐 실내장식용이냐에 따라 역할에 따른 소재가 달라진다. 식사용 테이블 클로스는 냅킨과 어우러져야 하며 커트러리를 사용하는 경우는 특히 필요하다. 장식용 테이블 클로스의 경우는 커버(cover) 역할을 하므로 벨벳이나 혼방제품 사용이 많고 커텐과의 조화를 이루어 생각해야 한다. 테이블 클로스는 커트러리나 와인 글라스를 놓을 때 안정감을 주고, 와인이나 물을 엎을 경우 고가의 테이블에 직접 스며들지 않도록 방지해주는 역할을 하며, 손님접대나 테이블 코디네이트 시 환대의 마음을 가장 잘 표현해 주는 색으로 보여진다. 테이블 웨어 중에서 테이블 클로스나 냅킨 종류를 총칭하여 린넨 종류라 부른다. 소재와 색에 따라 격을 매긴다.

테이블 클로스는 여성의 멋진 감각을 보여줄 수 있는 좋은 아이템이 될 수 있으며, 생활양식의 상태나 국제친선의 장에서 국기 특징을 니티낼 수 있는 소재가 되기도 한다.

그러나 테이블 클로스를 처음 사용한 것은 손으로 음식을 집어먹던 시절 아름다움을 쫓던 사람들에 의해 테이블 위에 천을 깔고 손을 닦던 것이 시초가 되었다. 그 뒤 5세기경 로마제국에 게르만족이 이동해 오면서 냅킨이나 테이블 클로스는 사라졌다. 루이 1세(814~840)시대 프랑스에서 테이블 클로스 사용이 복귀되었으며, 영국은 프랑스보다 조금 늦은 8~10세기 경부터 테이블 클로스가 출현하였다.

16세기 경 식탁을 사용하면서 미를 추구하는 사람들에 의해 테이블 위에 덮는 덮개는

하나의 부의 상징이 된다.

소재의 포멀 순 : 마＞면＞화학섬유

색의 포멀 순 : 흰색＞담청색＞문양이 있는 것이나 진한 색

(1) 클로스 종류

① 테이블 클로스(table cloth)

아무런 문양이 없는 섬유로 촘촘한 것이 격조 높다. 채색된 천이나 프린트 모양, 레이스 등은 격식을 차리지 않는 장소에 사용된다. 아래로 드리워지는 정도는 포멀로는 50cm, 캐주얼로는 20~30cm가 표준이다.

② 언더 클로스(undercloth)

테이블 클로스의 밑에 까는 천(넬, 펠트 등의 두꺼운 것)으로 테이블에 두께를 주며, 테이블 클로스를 미끄럽지 않게 함과 동시에 글라스나 커트러리를 놓을 때 불필요한 소리가 흡수되게 한다.

■ 그림 2-19 ■ **테이블 클로스와 냅킨의 조화**

■ 그림 2-20 ■ **언더 클로스와 top 클로스의 조화**

③ 러너(runner)

테이블의 중앙에 종장 혹은 횡장으로 덮은 천(아름다운 회지 등을 사용해도 좋다)으로 공용 공간과 개인 공간을 구별하는 역할을 한다. 사이즈는 30~40cm의 폭, 120~250cm의 길이가 일반적이다. 테이블 재질감을 살려주고 테이블 클로스를 돋보이게 할 수 있다.

■■ 브릿지러너

테이블의 가장자리에 까는 러너이다. 40~45cm의 폭, 120~150cm의 길이가 적당하다. 위에 테이블 매트나 식기, 꽃 등을 놓을 수 있다. 기능적이며 테이블 매트보다 엘레강스하다.

■ 그림 2-21 ■ 러너의 예

(2) 냅킨(napkin)

손으로 식사를 하던 고대에서 부터의 냅킨의 역사를 보자면 아포마그달리(apomagdalie)라고 하는 밀가루 반죽 덩어리와 먹던 음식을 싸가지고 가는 도기백

(doggy bag), 마파(mappa)라고 하여 고대 로마시대에 누워서 음식을 먹을 때 옷을 보호하기 위해서 펼친 큰 천 등으로 볼 수 있다. 이탈리아 피렌체의 명문 메디치가의 카트린느 메티치가 프랑스의 앙리 2세와의 결혼 지참품으로 들고 온 것이 당시 포크와 나이프였다. 그것은 일대 혁명으로서 새로운 식사 작법을 탄생시켰고 테이블 클로스와 냅킨은 지위의 상징물로 식탁의 세련미를 강조하게 된다. 정식으로는 클로스와 같은 색, 같은 소재의 대형 판을 사용하며, 청결이 원칙이기에 포멀일수록 과도하게 접거나 장식하지 않는다. 캐주얼에는 페이퍼 냅킨도 좋으며, 일본에서는 「물수건」이 사용되어진다.

◑ 표 2-2 ◑ **냅킨의 크기와 표준**

프로토콜(국제식)	호텔·레스토랑(일반)	티 파티	칵테일바
70cm사방	45~60cm사방	30~35cm사방	20~25cm사방

(3) 런천매트

개인용의 경우 테이블에 직접 까는 약식 스타일의 테이블 클로스이다. 일본에서는 포멀한 「접대」가 된다. 영국에서는 상질의 상품이라면 런천매트를 포멀하게 사용해도 좋도록 하고 있다.

3) 식탁의 소모품

(1) 센터피스

센터피스의 역사는 그리 오래 되지 않았다. 러시아식 서비스가 정립되면서 중앙에 공간이 비게 되자 테이블의 중앙에 놓는 장식으로 과일·생화 어렌지먼트가 많이 등장하게 된다.

중세시대의 일루션푸드에서 시작하여 은제나 도제로 된 호화로운 장식물, 부의 상징으로 나타날 수 있는 식기류들, 네프(nefu) 등이 센터피스의 역할을 하다가 19세기에 식탁 위에 꽃이 화려하게 등장한다.

꽃은 「향이 진하지 않은 것」, 「잘 떨어지지 않는 것」을 상대편 사람의 얼굴이 보일만한 높이(25cm정도)에 꽂꽂이한다. 또한 식탁을 둘러싸고 있는 사람들의 목적에 맞는 것, 예를 들어, 생일파티라면 생일 케이크의 조화 등을 고려하여 어렌지한다.

(2) 캔들과 캔들 스탠드

최초의 초는 벌꿀을 채취하고 남은 찌꺼기를 가열 · 압축하여 만든 밀랍양초로서 빛의 역할과 눅눅함을 방지하는 역할을 하였다. 초는 2인에 1개, 8인에 3개, 10인에 4개 정도를 놓으며, 식사시간 2시간 정도를 사용하도록 만들어졌다. 되도록 초는 저녁식사 이후 테이블에서 사용하는 것이 좋고 향이 있는 초는 피하도록 한다.

초는 흔들리는 불빛의 밝기와 배경이 만들어내는 분위기를 즐길 수 있어 식탁의 연출에 효과적이지만, 안전 면에서 주의가 필요하다.

■ 그림 2-22 ■ **센터피스**

(3) 피규어(Figure) : 모양

"장식물"의 의미며 테이블 위에 놓여지는 것으로, 식기, 글라스, 커트러리, 리넨 이외의 테이블 장식품을 피규어라고 부른다. 이것들은 담화 상품이라고 해도 좋으며, 회화의 계기가 되어 식탁 연출의 이야기를 만들어 가는 중요한 역할을 한다. Over decorative 되지 않도록 효과적인 연출이 중요하다.

〈피규어의 종류〉

① 솔트&페퍼(Salt & Peprer)

서양에서는 「요리 최후의 맛은 손님의 취향으로」라는 의미로 소금과 후추통을 테이블 위에 놓는다. 중국에서는 그다지 격식을 차리지 않는 장소에서의 경우 테이블 위에 식초, 라유, 겨자 등의 조미료 통을 놓는다.

② 냅킨 링(Napkin Ring)

개인용 물건으로 정식석상에서의 경우는 사용하지 않는다. 사용할 때에는 냅킨에 주름이 가지 않도록 세팅할 필요가 있다.

■ 그림 2-24 ■ **캔들의 종류**

③ 네임 스탠드(Name Stand)

사람 수가 많은 경우는 그곳에 앉아 있는 사람의 이름을 표시해두는 친절함을 표한다.

④ 센터피스…캔들 스탠드, 꽃의 재정비

피규어 중에는 솔트&페퍼와 같이 테이블 액세서리라고 불리는 작은 것들이 있는 반면, 캔들 스탠드나 와인 쿨러와 같이 폴러웨어라고 불리는 것도 있다.

3 chapter

테이블 코디네이트의 다양화

1) 테이블 코디네이트의 포인트

먹는 즐거움을 만끽할 수 있는 식탁을 연출하는 데 있어서 먹는 사람의 요구와 예산을 적절히 생각하여 T.P.O.(시간대·장소·목적)에 알맞은 테이블 코디네이트를 하지 않으면 안 된다. 그러기 위해 이하의 ①~⑤에 대한 기본적인 지식과 그것을 적당히 코디네이트 할 수 있는 실천력 등이 요구되어진다.

① 식사의 시간

식사의 시간대는 아침, 점심, 저녁, 티 타임 등으로 구분되어지는데, 식사의 목적에 따라 다르기 때문에 몇 시부터 시작되는 식사인가를 의식한다.

② 식사의 목적

일상식 중에서 경사스러운 일인가(결혼, 생일, 장수, 입학, 졸업), 연중행사인가(정월, 성인의 날, 히나마쯔리, 어린이날, 어버이날, 복날(土用), 月見, 경로의 날, 칠오삼, 크리스마스, 섣달 그믐밤) 등 식사의 목적이 매우 다양하다.

③ 식사 스타일

일본·서양·중국요리, 에스닉요리, 퓨전요리 등 식사 스타일에는 나름대로의 특징이 있으므로 연령이나 성별에 따라 손님의 기호를 배려한다.

④ 식사 스타일·이미지

포멀인가, 인포멀인가, 그 외에 클래식, 모던, 캐주얼 등 나름대로의 이미지에 적합한 식기·식 도구, 테이블 린넨이나 소품 등을 구분하여 사용한다.

⑤ 식사의 장소

예를 들어, 호텔의 디너레스토랑인가, 패밀리레스토랑인가, 아웃도어(정원 앞 아파트의 배란다, 초원)인가 등 식사를 하는 장소에 알맞은 식탁 스타일·이미지에 맞춘다.

2. 테이블 이미지 분류

일본에는 기업의 입장에서 식(食)의 장(場)에 대한 여유와 풍요로움을 추구하는 TALK(Thinking Association for Life Culture)라는 교류단체가 있다. 이는 통산성의 지원으로 건설, 부동산, 하우스, 주택설비, 가구 인테리어, 가전, 주방, 식탁용품, 출판·인쇄, 유통, 호텔, 레스토랑 등 45개(1999년)의 기업이 참가하고 있다. 폭 넓은 업종을 포함하는 기업의 공통적인 마케팅 루트로서 개발한 것이 TALK 마케팅이다.

TALK 마케팅 시스템은 이미지 스케일을 중요시하는데, 각각의 업계가 각각의 감성으로 각자의 물건이나 서비스를 제작하고 최종적으로 소비자의 라이프 스타일에 맞는 코디네이트를 한다. 이들은 업계의 틀을 넘어 감성의 공통 척도라고 하는 것을 널리 정착시키는 것이 목표이다.

테이블 코디네이트는 이 TALK 마케팅 시스템의 도움으로 끊임없이 발전하고 있으며 TALK 마케팅 시스템과 테이블 세팅과의 상호관계는 지속될 것으로 보고 있다.

1. 스타일별 식탁 연출

식기·식 도구, 클로스, 냅킨 등을 선택할 때, 포멀에 가까운 경우는 품격 높은 재질을 사용하고, 그렇지 않은 경우에는 캐주얼한 것을 사용한다. 이것은 일본·서양·중국의 식탁에 있어서도 공통적인 사항이다.

식공간·식생활을 위한 기본 9분류의 비쥬얼 이미지와 감성 이미지를 표현하는 키워드를 구체적으로 설명해 보기로 한다.

1) 클래식(Classic)

전통적이며, 중후하고, 심오하며, 격조 높은 이미지로 영국의 전통적인 스타일이라 한

다. 식기는 고전적인 금색 무늬의 자기나 본 차이나(자기의 쪽이 상급), 커트러리는 은제
품, 클로스 · 냅킨은 마의 다마스크 짜임, 글라스는 상질의 컷 글라스로 품격 높은 것을
사용한다.

클래식이란 영국의 격조 높은 이미지를 연상케 하며 통일과 조화된 구성, 성숙한 느낌
을 자아낸다.

벨벳이나 실크의 직물, 또는 금색을 배합한 고급 소재를 사용한 격식있고 호화스러운
분위기가 클래식의 특징이다.

컬러는 레드와인 계열이나 네이비블루 계열의 색 등 어두운 톤과 깊은 톤을 중심으로
다양한 색상을 배색하여 보다 중후한 이미지를 연출한다. 오랜 전통에서 입증된 중후한
멋과 격조 높은 이미지를 전해주며, 정교한 장식이 많아지면 보다 화려해진다.

- 단단하고 복잡한 이미지
- 어른스러운 느낌
- 양식적인 느낌
- 고급스러운 느낌
- 전통적이고 운치있는 맛을 가진 식(食)의 느낌

◑ 표 3-1 ◑ 클래식

이미지를 나타내는 언어	전통적인, 격조있는, 중후한, 성숙한, 맛이 깊은, 장식적인, 안정된, 공들인 장식, 격식있는 분위기가 특징
테이스트 이미지	전통이 뒷받침 되는 양식을 중시 안정감 있고 성숙된 이미지 깊이 있는 난색계열을 중심으로 어두운 톤에 따른 다색상의 코디네이트
컬러 · 모티브	전통적인 모티브나 페이즐리 무늬 등의 장식적인 모티브가 대표적 손으로 공들여 만든 직물이나 벨벳 등 고급 소재의 질감
소재감	엔틱(antique)한 전통의 좋은 점을 깊숙한 곳까지 맛볼 수 있는 것

▲향원당 Foodcoordinate school 1기, 김빈·김미진·김보람 作

2) 엘레강스(Elegance)

섬세하고 우아하고 안정적인 기품이 있다. 포멀이긴 하지만 조금 부드럽고 화려한 이미지를 지닌 프랑스 스타일로서, 식기는 흰색이나 연한 색의 자기·본 차이나, 클로스는 흰색이나 연한 파스텔계열 컬러의 다마스크 짜임을 사용, 레이스나 오간디와 더블 클로스해도 좋다. 냅킨도 자수가 놓여져 있는 것을 세팅한다. 커트러리는 은제품, 글라스는 최고급품으로 심플한 것을 준비한다.

엘레강스란 프랑스의 양식미를 말하는 것으로 기품있고 세련된 성인 여성의 아름다움을 연상시킨다. 그레이쉬한 컬러의 미묘한 그라데이션을 바탕으로 곡선의 아름다운 볼륨이나 섬세한 자수, 레이스 등 탄력있는 성질의 소재를 조화시킨다. 연어색 핑크, 오렌지색, 라일락 등의 그레이쉬한 색조를 중심으로 상품의 우아한 이미지를 연출한다. 또한 섬세하면서도 단순미가 조화를 이뤄 아름답고 조용하고 세련된 성인 여성과 같은 우아함을 준다. 그레이쉬한 색의 융합과 대조를 억누른 미묘한 뉘앙스를 풍긴다.

- 그레이쉬 컬러
- 섬세한 무늬와 질감
- 어른스러운 느낌
- 곡선을 주로 사용
- 손이 많이 가는 조리이지만 겉보기에는 간단해 보이는 것

◑ 표 3-2 ◐ 엘레강스

이미지를 나타내는 언어	품질 좋음, 우아함, 섬세함, 세련된, 고상한, 차분한
테이스트 이미지	정숙한 성인 여성을 느끼게 하는 자분한 분위기에 품격을 겸비한 우아한 이미지 섬세하고 온화한 아름다움
컬러 · 모티브	다소 그레이쉬한 컬러를 바탕으로 온화한 색조의 세련된 그라데이션이 대표적 엷은 색의 흐르는 모양이나 추상무늬, 고급스러운 꽃무늬 등 섬세하고 아름다운 볼륨감 탄력있는 실크, 고품질의 광택이 있는 것
소재감	섬세한 자수나 레이스 등 섬세한 느낌이 있는 상질의 소재감

▲향원당 Foodcoordinate school 2기, 김선아 · 김향미 作

3) 캐주얼(Casual)

캐주얼이란 밝고 힘있고 재미있는 이미지이다. 양식이나 모양에 구애받지 않고 자연 소재나 인공 소재를 배합하는 등 자유로운 발상으로 연출한다.

투명감 있는 적색, 황색, 녹색 등 생생한 컬러를 중심으로 다색상 배합을 통해 발랄한 재미를 연출한다. 점잖은 느낌보다는 편안하고 개방적인 느낌이 캐주얼 이미지의 포인트다.

질감이 다른 소재를 규칙에 얽매이지 않고 자유롭게 조합시켜 자유분방한 이미지와 밝고 활기 있는 색을 살린 코디네이트로 명랑한 이미지를 준다.

- simple & colorful
- 젊은 느낌
- 자유로운 느낌
- 깨끗한 느낌
- 간단하지만 겉보기에는 활기찬 것

◑ 표 3-3 ◐ **캐주얼**

이미지를 나타내는 언어	컬러풀한, 활기찬, 유쾌한, 재미있는, 선명한, 친해지기 쉬운
테이스트 이미지	밝고 경쾌한, 열정적이며 건강한 이미지 자유롭고 편안함 생생함, 브라이트 등 밝고 생기 있는, 높낮이가 있는 배색
컬러 · 모티브	다색상으로 대비를 즐기는 코디네이트 큰 무늬의 체크나 다색사용의 프린트가 주류 두꺼운, 자기, 플라스틱, 고무, 나무, 글라스, 비닐
소재감	실용적이고 가볍게 사용할 수 있는 소재나 룩(look)으로 자유로운 디자인 가능

4) 로맨틱(Romantic)

로맨틱이란 부드럽고 달콤한 꿈과 같은 이미지이다. 엘레강스가 성인 여성의 느낌을 준다면 로맨틱은 순수한 소녀의 이미지이다.

컬러는 서정적이고 감미로운 무드의 핑크, 베이비 옐로우, 베이비 블루 등 온화하고 섬세하며 달콤한 파스텔톤의 연한 색이 바탕이 되며 다색상 배색으로 통합감 있는 연출을 한다. 강하고 격하고 와일드한 터치와는 정반대인 소녀같은 이미지이다.

- soft & pastel color
- 가벼운 질감
- 메르헨 감각
- 장식성
- 디저트 감각으로 예쁘게 담은 것

◐ 표 3-4 ◐ **로맨틱**

이미지를 나타내는 언어	감미로운, 소프트한, 메르헨, 가련한, 꿈같은, 귀여운
테이스트 이미지	사랑스럽고 부드럽고 감미로운 낭만주의, 부드럽고 가련한 분위기 작은 꽃무늬나 물방울무늬의 우아한 프린트 모티브가 주류톤이다.
컬러 · 모티브	파스텔의 우아한 무드의 색조를 중심으로 한 조합 부드러운 쉬폰, 면레이스나 프릴 사용, 투명감 있는 직물
소재감	백목이나 밝은 컬러의 연보라색, 불투명 유리 우아하고 사랑스러운 디자인이나 소재감

▲향원당 Foodcoordinate school 1기, 김봉순·박정민·김현민 作

5) 내추럴(Natural)

내추럴이란 마음이 평온하고 온화해지는 이미지이다. 샤프하고 도회적인 모던 감각과는 대조적으로 마음이 편안해지는 온화한 분위기의 집합이다.

컬러는 베이지, 아이보리, 그린 계열을 중심으로 그라데이션이나 톤 배색의 통합감을 나타내고, 자연을 느끼게 하는 기분 좋은 이미지를 연출한다. 자연이 가진 따뜻함, 소박함을 표현해 인공적이고 차가운 모던 감각과는 대조적인 편안함이 있다. 하이터치 감각의 베이지색, 갈색, 초록색 등을 중심으로 한 온화한 색의 조합이 따스함을 전해준다.

- simple & soft, natural color
- 질감 중시
- 자연스러운 느낌
- 부드러움
- 소재를 살린 연한 맛이 나는 것

◖ 표 3-5 ◗ **내추럴**

이미지를 나타내는 언어	자연스러운 평온함, 소박함, 대범하고 느긋함, 편안함, 기분좋음, 온화함 자연이 가진 따뜻함, 소박함을 표현, 마음이 평온해지고 편안한 이미지
테이스트 이미지	밝고 친숙해지기 쉬운 감각 몸과 마음이 릴렉스한, 평온하고 편안한 분위기 무지나 무지의 무늬 · 풀 · 나무 등 자연의 모티브
컬러 · 모티브	베이지 계열, 아이보리 계열, 그린 계열 등의 평온한 톤을 바탕으로 통합감 있는 배색 지연소재를 중심으로 한 코디네이트
소재감	마, 면 등의 천연소재, 나무, 대나무, 등나무 등 소박한 질감을 살림 따뜻함이 있는 것

■ 그림 3-5 ■ 내추럴(Natural)

6) 심플(Simple)

심플이란 상쾌하고 윤기있고 싱싱한 이미지이다. 깨끗한 질감의 것이나 심플한 형상의 것을 조합한 산뜻한 분위기의 통합이다.

블루와 화이트 컬러를 바탕으로 한 그레이 계열 색을 통합감있게 연출한다. 불필요한 장식을 없앤 산뜻한 이미지로 차가운 색과의 색 조합이 바탕인 젊은 감각의 이미지이다.

- simple & cool color
- young mind
- 자유스러운 감각
- clear 감각
- 차갑고 산뜻한 것

◐ 표 3-6 ◐ 심 플

이미지를 나타내는 언어	청결한, 깨끗한, 상쾌한, 산뜻한, 윤기있고 싱싱한, 간소한
테이스트 이미지	점잖빼지 않고 겉치레 없는 산뜻한 이미지 청량감을 중요시 하여 경쾌하고 젊은 분위기 무지, 단순한 무늬, 직선이나 체크
컬러 · 모티브	블루나 화이트를 바탕으로 상쾌하고 산뜻한 배색 자연소재 · 인공소재와 함께 겉치레 없는 것
소재감	나무, 유리(깨끗한 이미지의 것) 실버, 알루미늄, 아크릴 등

■ 그림 3-6 ■ 심플(Simple)

7) 하드캐주얼(HardCasual)

하드캐주얼이란 자연적으로 풍부하게 열매맺은 듯한 이미지이다. 핸드메이드의 짜임으로 온기있는 소재를 조화시켜 깊은 맛의 분위기를 자아낸다.

컬러는 멜론, 올리브그린 등 강하고 진한 톤의 온색 계열을 중심으로 가을 분위기의 다색상 배색을 연출한다.

손으로 만든 듯한 거친 느낌이지만 반대로 온정과 애착을 느끼게 해주는 것이 하드캐주얼의 포인트이다. 운치가 있는 무늬, 소재로 튼튼해 보이는 아웃도어리즘(outdoorism) 느낌과 에스닉한 느낌의 이미지이다.

- 하드 & 복합
- 아웃도어 감각
- 에스닉 감각
- 핸드메이드
- spicy & 진한 맛

◑ 표 3-7 ◐ 하드캐주얼

이미지를 나타내는 언어	야외적인, 풍부한, 시골틱한, 에스닉한, 와일드한, 핸드메이드적인 전원풍의 스타일
테이스트 이미지	손으로 만든 듯한 짜임의 질감이 온기나 애착을 느끼게 한다. 자연에서 얻은 열매나 곡식을 생각하게 하는 이미지
컬러 · 모티브	강한 톤과 깊은 톤을 중심으로 다색상을 조합, 깊고 풍부한 맛을 느끼게 하는 배색 동식물을 표현한 프린트 모티브 자연소재를 중심으로 수공예품 등을 포함한 온화함을 느끼게 하는 질감
소재감	도톰하고 둥그스름한 부정형 형태의 것 공예품

■ 그림 3-7 ■ 하드캐주얼(Hard Casual)

8) 모던(Morden)

현대적이며 도회적이고, 샤프하며 인공적인 쿨한 이미지로 시대와 함께 변화해온 스타일이다(예를 들어, 이탈리아 모던, 뉴욕 모던). 가정적으로 일상적인 식탁보다도 파티나 뷔페스타일에 적합하다. 클로스는 적색, 청색, 녹색 등 액센트 컬러를 사용한다(스트라이프, 기하학적인 모양·체크무늬 등의 목화나 화학섬유도 좋다). 식기는 모노 톤의 색, 스테인리스, 스톤웨어, 유리제품 등을 사용하여 직선적인 공간을 만든다.

모던이란 현대의 것이란 의미로 그 시대의 선구적인 스타일을 말한다. 1925년 파리에서 열린 제 3회 세계박람회에서 선보인 참신한 건축, 공예 디자인의 특징으로부터 모던(모더니즘, 근대주의)의 개념이 등장했다. 아르누보나 아르데코도 처음 등장했던 당시에는 최첨단 모던이라고 말할 수 있다. 그 후 아메리카 모던, 북유럽 모던을 거쳐 이탈리아 모던이 한 시대를 풍미했고, 현재에는 북유럽의 새로운 흐름을 이어 받은 모던이 주류이다. 캐주얼이 보다 세련되고 샤프해져 캐주얼 모던, 내추럴 모던, 심플 모던이 되었으며 자연과 인공이 융합된 지금이 가장 세련된 모던이다.

모던은 변화가 크고 시대의 흐름을 반영한 새로운 스타일로 도회적이고 시원한, 약간은 기계적인 느낌의 디자인이 모던 이미지의 기초이다. 검정을 기초로 회색, 흰색으로 약간의 대비를 이룬 것이 특징이다. 특히 생생한 빨강, 노랑 등을 넣을 경우 역동감이 더해진 이미지를 연출할 수 있다.

- simple & cool color
- mannish한 느낌
- 인공적인 느낌
- 기능감
- 생활감이 없는 멋스런 형태로 담긴 것(실용성보다 멋을 추구)

◗ 표 3-8 ◖ **모 던**

이미지를 나타내는 언어	현대적인, 도시적인, 합리적인, 냉정한, 숭고한, 치밀한, 날카로운
테이스트 이미지	다크불루 톤, 깔끔한 곡선과 직선으로 통일
컬러 · 모티브	매우 서구적이고 산뜻한 느낌, 하이테크한 감각, 이트, 블랙 등의 무채색
소재감	스틸제품

■ 그림 3-8 ■ 모던(Morden)

9) 에스닉(Ethnic)

에스닉이라는 말은 "인류학적인, 소수민족의, 민족 특유의, 민속학적인"이라는 말로 풀이할 수 있고 왠지 우리는 동남아시아의 나라들을 연상하기 쉽다. 이처럼 에스닉이란 이문화권 나라들(아프리카, 중동, 아시아, 남아메리카 등)을 의미하고, 그들 나라를 이미지화하여 연출해낸 스타일이다. 일반적인 오리엔탈리즘보다 민속적이고 토속적이며 전통적인 느낌을 살려 표현한 것이 특징으로, 그 나라의 풍토나 역사, 문화, 요리 등에 대한 깊은 지식을 활용하는 것이 중요하다.

원시자연으로 돌아가고자 하는 인간의 욕구를 나타낸 것이므로, 메탈적이며 단순하고 간결한 느낌과는 상반된 연출이 중요하다. 그래서 에스닉 스타일에서는 민족의 생활풍습, 민족의상, 장신구, 라이프스타일(life style)에서 영감을 얻어 독자성(personality)과 낯설음(unfamiliarity)의 이미지를 전달할 수 있어야 한다.

13, 14세기에는 실크로드를 통해 전달된 문화를 높이 평가하면서 중국의 에스닉을 고도의 문화로 받아들이게 된다.

유럽인들이 가장 선호하는 관광지로는 인도를 들 수 있는데, 이는 미개발된 후진국에서 얻어지는 우월적인 에너지와 컴퓨터 문명의 발달로 더욱 지쳐가는 심신을 달래기 위해 인도의 에스닉적인 감(感)을 더욱 동경하기 때문이라고 한다. 이는 인도뿐 아니라 우리나라를 포함한 동남아시아권의 문화적 감각도 해당된다.

- Natural & hard casual 느낌
- 샤머니즘적 감성, 아프리카
- 천연소재, 야생과일
- 미지의 세계를 접하고 탐험하는 느낌, 원초적 느낌

◐ 표 3-9 ◑ 에스닉

이미지를 나타내는 언어	동남아시아, 남미, 남태평양 국가 등의 민족성 샤머니즘적, 종교적
테이스트 이미지	흙에 가까운 나무색깔, Natural Color, 원색, 천연목이나 칠기 사용
컬러 · 모티브	다크블루 톤, 화려한 전통문양 사용, 열대이미지, 꽃과 과일
소재감	베트남 생활용품, 아프리카 소품, 대나무 제품

10) 젠 스타일

"젠"은 "선(禪)"의 일본식 발음으로 젠 스타일은 정결하고 고요한 느낌, 절제미 그리고 심플함을 추구하며 동양적인 간결한 여백의 미를 중요시하는 단정한 이미지 스타일을 말한다. 20세기 후반 동양의 전통 공간미를 추구하는 오리엔탈리즘과 서양의 미니멀리즘의 중성적인 멋을 살리는 것에서 젠 스타일이 생겨났다. '젠 스타일'은 90년대 들어 유행을 주도해온 '미니멀리즘'과도 구분된다. 거추장스러움을 철저히 털어내고 간결함을 추구하는 것은 마찬가지이지만, '젠 스타일'은 좀더 따뜻하고 부드러운 느낌이라는 것이다. 예를 들어, '미니멀리즘'이 검정과 흰색을 날카롭게 대비시키는 인공적 느낌이라면, '젠 스타일'은 창호지와 같은 부드러운 흰색, 붉은기 혹은 밤색기가 도는 따뜻한 검정으로 자연스런 색감을 연출한다는 것이다. 젠 스타일에서는 직선적인 요소가 다른 어떤 스타일에서보다 강조되며, 동양적인 느낌의 높이가 낮은 장과 탁자가 매치되고, 월넛 컬러와 같은 짙은 브라운 계통이 주로 화이트 컬러나 베이지, 그레이와 같이 많이 쓰인다. 또한 자연 친화적인 경향이 짙어 대나무나 조약돌, 물과 같은 자연적인 요소들이 많이 쓰이기도 한다. 이 새로운 흐름은 자연주의 흐름과 맞물려 신세대 젊은층 뿐만 아니라 청장년층에게도 강하게 어필되고 있다.

- 심플한 선의 동양적인 느낌
- 순수하고 단순한 절제미
- 부드럽고 따스한 느낌

◖ 표 3-10 ◗　**젠**

이미지를 나타내는 언어	단순한, 절제된, 중용적인, 은은한, 자연스러운
테이스트 이미지	부드럽고 따스한 질감
컬러 · 모티브	밤색, 카키색, 겨자색, 보라색, 흑백
소재감	천연목이나 칠기 사용

3. 나라별 테이블 세팅

1. 한국요리의 테이블 세팅

예로부터 우리나라의 식생활은 궁중을 비롯하여 양반가의 다양한 식생활 풍속을 중심으로 발달해 오면서 많은 형식과 까다로운 범절을 따르게 되었다.

우리 고유의 상차림은 상에 차려 내는 주식의 종류와 목적에 따라서 나뉘였으며 일상 음식의 상차림은 전통적으로 독상이 기본이다.

상차림의 유형은 그 시대의 정치·경제·문화의 유형이나 체제의 영향이 크며 한편으로는 의복이나 주거양식과도 연계성이 크다. 각 시대별 상차림의 유형을 정리하면 고구려 벽화에서 추정한 상고시대의 상차림은 입식이었다. 상에다 음식을 차리고 의자에 앉아 식사를 하였으며 음식을 담는 그릇은 고배형(高杯刑)의 그릇이 많이 쓰였다.

고려시대에 와서 테이블 같은 상탁 위에 음식을 담는 쟁반을 놓아 상차림을 한 것으로 해석된다. 상객(上客)일수록 음식을 담는 반수가 많았으며 하객(下客)인 경우에는 좌식상에다 두레상처럼 차렸다. 연회에서는 한 상에 2인씩 마주 앉고 상 위에는 여러 가지 음식을 많이 차렸다.

조선시대에 와서 좌식상으로 고정되었다. 이 시대에 정립된 상차림은 유교이념을 근본으로 한 가부장적(家父長的) 대가족제도가 크게 반영되어 있고, 음식을 담는 그릇도 상차림에 따라 대체로 규격화 되었다.

우리나라 반상기를 보면 조선시대에 이르러 고려의 청자가 쇠퇴하면서 분청사기가 개발되고, 이어서 백자, 청화백자 등 새로운 자기가 만들어지면서 식기문화의 격이 제고된다. 특히 놋그릇이 보급된 사실은 식생활 경영상으로 볼 때 매우 합리적인 발견이다. 추위가 심한 계절에 음식이 식지 않도록 할 뿐 아니라 깨지지 않아 다루기가 편리한 식기가 보급되었다는 사실은 그 당시로써는 대단한 혁명이었다.

또한 조선시대 성균관의 유생들이 습기로 인해 병이 난 것을 계기로 온돌이 보급되면 서 우리의 주거생활이 좌식 생활로 정착되었는데, 식사 양식도 이에 따라서 입식 상차림 과 좌식 상차림이 양용되었으나 점차 좌식으로 일원화 되었다. 다만 조상의 제상 차림과 궁중의 연회는 입식 상차림으로 남았다.

좌식으로 상차림이 정착되면서 고려에서는 음식을 담은 작은 반을 3~5개씩 탁자에 늘어놓았으나 조선시대에는 한 상에 모두 담도록 개선되었다. 다만 7첩 이상이 되어 한 상에 모아 담을 수가 없는 경우에는 '곁상' 이라고 하는 작은 상을 곁에 보태 놓았다. 좌 식 상차림으로 정착되면서 상의 높이가 앉아서 먹기에 알맞게 만들어졌다.

1) 상차림의 종류

● 일상상차림

- 반상 : 밥, 국, 반찬을 기본으로 차리는 밥상을 말하는 것으로 어른에게는 진짓상, 임금님 밥상은 수라상이라고 한다. 상에 놓이는 음식의 종류와 수에 따라 우리나 라 전통 반상은 종류와 차림이 달라진다. 첩 수로 상차림을 구분하는데, 첩이란 뚜껑이 있는 반찬 그릇을 의미하고 밥, 탕, 김치, 찌개, 장 등을 제외한 반찬 그릇 수를 말한다. 3첩은 서민들의 상차림이었고, 5첩은 여유가 있는 서민층의 상차림, 7첩이나 9첩은 반가의 상차림, 12첩은 임금님만 드시는 수라상 차림이었다.

- 면상, 만두상, 떡국상 : 밥을 대신하여 점심 또는 간단한 식사 때 차리는 상으로 반찬으로는 전유어, 잡채, 배추김치, 나박김치 등이 주로 올랐다.

- 주안상 : 술을 대접하기 위해 차리는 상으로 술과 함께 전골이나 찌개, 전유어, 회, 편육, 김치 등을 술안주로 곁들인다.

- 교자상(橋子床) : 경사가 있을 때 장방형의 큰상에 여러 사람들이 둘러 앉아 음식 을 먹도록 차리는 상을 말한다. 주식으로 계절에 맞게 냉면, 온면, 떡국, 만둣국을 준비했으며 두 가지 정도의 김치와 탕, 찜, 전유어, 편육, 적, 회, 겨자채, 잡채, 구 절판, 신선로 등을 반찬으로 놓았다. 현대의 고급 상차림은 교자상을 기본으로 해

서 출발했으며 본래는 음식을 한꺼번에 차려 내는 것이 기본이었으나 요즘에는 순서대로 서빙을 하고 있다.

2) 통과의례 상차림과 음식

사람이 태어나서 죽을 때까지 행하는 의식을 통과의례라고 하는데 우리나라는 옛부터 음식을 갖추어서 의례를 지냈다. 탄생, 삼칠일, 백일, 돌, 관례, 혼례, 회갑, 회혼례, 상례, 제례 등에 특별한 상차림을 했다.

① 출생에서 백일까지

- 출생 직후 : 아기가 출생하면 먼저 삼신상을 먹는데, 상 위에 아기와 산모의 건강 회복을 축복하고 산신께 감사하는 의미로 흰밥과 미역국을 준비한다.
- 삼칠일상 : 출생 후 21일째(三七日) 되는 날에는 대문에 달았던 금줄을 떼어 외부인의 출입을 허락하고, 이를 축하하는 의미로 백설기 떡을 준비하여 집안에 모인 가족끼리 나누어 먹었다고 한다.
- 백일상 : 출생 후 백일이 되는 날에는 백설기(무병장수)와 붉은 팥고물, 차수수경단(액을 물리침)과 오색송편(만물의 조화)을 준비하였다.
- 첫돌상 : 돌상에는 공통적으로 백설기, 수수경단, 생과일, 오색송편 등의 떡류와 장수를 기원하는 국수와 실타래, 그 외 쌀, 돈, 책 등이 놓여져 아기의 장래를 점치는 풍속이 있었다.

② 혼례상

혼례음식 중 혼인 전날 저녁 신랑 집에서 신부 집으로 납폐함이 들어올 시간에 맞추어 쪄서 준비하는 봉채떡이 있다. 이것은 반드시 찹쌀과 붉은 팥으로 만든 떡에 대추와 밤을 둥글게 박아 만드는데, 찹쌀은 부부금슬을, 팥은 화를 피하고, 대추는 자손 번창을 기원하는 의미라고 한다.

신부와 신랑의 결연을 의미하는 동뢰상은 혼례상으로 앞줄에 밤, 대추, 유과를 놓고 다음 줄에는 흰 절편, 황색 대두, 붉은 팥을 한그릇씩 놓고 절편에 갈색 물을 들어 수탉과 암탉 모양을 만들어 동서좌우에 놓았다.

신부가 시부모님과 시댁의 친족에게 처음으로 인사드릴 때 신부 측에서 준비한 음식을 놓는데 이것을 폐백이라고 한다. 폐백음식은 지역에 따라 다른데 서울 지역은 주로 육포와 대추를 이용하고 그 외 지역에서는 밤, 대추, 호두, 엿, 고기음식 등을 중심으로 여러 가지를 준비한다.

③ 큰 상

큰상차림은 한국의 상차림 중 가장 성대하고 화려하다. 회갑(回甲), 칠순(七旬), 회혼(回婚)을 맞이한 부모님께 자손들이 큰상을 차려드리고 축하와 감사의 뜻을 표했는데 이는 가족의 화목을 다지는 계기도 되었다.

④ 제 상

각 시대에 제의식(祭儀式)이 있었으나 조선시대에 이르러서 제사양식이 규범화되어 가장 정중하게 행사가 진행되었다. 제상은 돌아가신 고인을 추모하기 위하여 차리는 상으로 가정의례준칙에 따른 절차와 배치도를 기준으로 차리는 것이 좋다.

3) 한국 상차림의 특징

(1) 상차림의 원칙

① 밥이 주가 되고 반찬이 부가 된다.

② 밥그릇은 상의 앞줄 중간에서 왼쪽에, 국그릇은 오른쪽에 놓는다.

③ 국물 있는 그릇은 가까이, 수저는 반드시 오른쪽에 놓는다.

④ 영양과 맛을 고려하여 재료와 조리법을 선택하고 상차림을 한다.

⑤ 식사하는 사람의 수에 따라 외상과 겸상으로 나눈다. 손님에게는 계층에 관계없이 누구에게나 외상으로 대접한다.

⑥ 상은 네모지거나 둥근 것을 쓰고 음식을 차릴 때에는 반드시 음식을 높이는 정도를 일정하게 한다.

현재 한국의 도시에는 의자를 사용하여 테이블에서 식사를 하거나 큰상을 사용하는 경우가 있지만 예전에는 일본과 마찬가지로 밥상에서 식사하는 것이 전통이었다. 모든 음식을 처음부터 상에 차려놓고 식사를 시작하는 평면전개형의 상차림인 것도 일본과 마찬가지이다. 일본은 독상으로 한 사람에게 하나의 상을 차렸지만 한국에는 독상 외에 두 사람이 마주 앉아서 먹는 겸상, 큰 둥근 받침 모양의 두레반상, 손님용의 큰 식탁인 교자상 등의 식탁이 있다. 가정의 식사나 정식으로 손님을 대접할 때는 독상이 쓰였으므로 식사 예절의 기본은 일본과 마찬가지로 한 사람에게 음식물이 배분되는 식사법이다.

중국은 당대(618~907년)부터 북송대(960~1127년)에 걸쳐서 서방으로부터 의자 테이블의 생활이 도입되어 하나의 식탁을 복수의 사람들이 둘러앉는 식사법으로 변하였다. 그리고 밥과 국은 개인별로 놓지만 반찬은 공통의 식기에 담아서 젓가락으로 먹게 되었다. 또한 「시계열형」의 상차림을 하게 되어 연회 등의 식사에서는 시차를 갖고 다음 다음으로 요리를 내놓게 되는 것이다. 그러나 온돌이 발달한 한국에서는 의자식의 식탁이 그다지 친숙하지 않다. 남자는 책상다리를 하고 앉으며, 여자는 한 쪽 다리를 세우고 식탁을 향한다.

조선시대에는 남녀, 세대간의 구별을 존중하는 유교사상을 생활규범으로 하는 것이 중국보다도 철저했기 때문에 식사규범은 대단히 엄격하였다.

●양반 귀족계급의 가정에서는 조부모, 가장, 사내아이, 여자아이 등 성별, 세대별로 나누어진 그룹이 다른 방에서 시차를 갖고 식사를 하였다. 이때 가장은 독상을 받아서 혼자 먹고, 아이들의 경우는 겸상 또는 두레반상 등 사람 수에 따라서 사용하는 상의 종류가 달랐으며, 주부는 가족 전체의 식사가 끝나고 나서야 식사를 하였다.

●일반 서민의 전통적인 식사의 경우에는 가족 내의 세대차이는 생략되지만 남녀의 구별은 지켜졌다. 즉 남자는 사랑방이라는 방에서, 여자는 안방이라는 여자의 방에서 각각 큰 두레반상에 둘러앉아 식사를 하는 것이다. 며느리와 시어머니가 함께 식탁에 앉을 때에는 며느리는 식탁의 아래에 자기의 식기를 놓고 먹었다. 또한 부엌의 온돌 아궁이 앞에서 며느리 혼자 먹는 일도 있었다. 따뜻한 장소에서 시어머니 신경 쓰지 않고 먹는 것을 즐겼던 것이다.

(2) 식기와 식사법

일본은 젓가락만을 사용하여 먹고 중국은 국물용으로 사기수저가 더해진다. 한국에서는 금속제의 젓가락과 자루가 달린 숟가락이 식사 때의 필수품이다. 숟가락은 국이나 국물이 많은 김치를 떠먹는 데에만 쓰이는 것이 아니다. 밥도 숟가락으로 떠서 먹는다. 그러나 밥을 젓가락으로 먹어도 예의에 어긋나는 것은 아닌 것 같다. 현재 중국에서는 밥을 먹는 데 숟가락을 사용하는 것은 고슬고슬한 볶음밥이나 죽을 먹을 때에만 한정된다. 그러나 명대(明代)가 될 때까지는 보통 밥도 숟가락으로 펴서 먹는 풍습이 있었다. 한국의 식사법은 이러한 옛 중국의 식사법이 전해진 것이다.

현재에는 여름·겨울 모두 금속제의 식기를 사용하지만 정식으로는 여름에는 도자기를 사용하고 겨울에는 금속제의 식기를 사용한다. 예전에는 상류계급은 은기를 사용하였고 서민은 놋그릇의 식기였으나 현재는 스테인리스 스틸의 식기가 많이 쓰인다.

■특 징

① 우리 조상은 단오 무렵부터 추석까지는 시원한 사기반상기를 사용하였다.

② 대상에 따라 식기를 다르게 사용하였다.

③ 일상식용과 의례식용 식기를 구분하여 사용하였다.

④ 모든 반상기의 형태는 원형으로 크기는 1인분을 기준으로 하고 있으며 모두 같은 문양과 재질로 구성된다(기명의 종류는 주발, 바리, 탕기, 조칫보, 보시기, 쟁첩, 종지, 반병두리 등이 있다).

가정의 식사에서는 젓가락과 숟가락, 밥을 담는 식기는 각자의 것이 정해져 있다. 어릴 때에는 어머니에게서 받은 식기를 사용하고, 결혼하게 되면 색시가 본인의 것과 남편을 위해 마련해 온 식기를 사용한다. 그 외의 식기는 가족공용이다. 독상에서 식사하던 때의 일본에서는 젓가락과 일상의 식사에 쓰던 식기는 모두 개인전용이었다. 중국에서는 개인의 전용 젓가락이나 식기가 정해져 있지 않은 것이 보통이다.

겸상이나 두레반상 등을 사용하여 하나의 상에 여러 사람이 둘러앉아 식사를 할 때에

밥과 국은 개인별로 담는다. 그 밖의 반찬은 하나의 그릇에 담아 자기 젓가락으로 집어 먹는다. 일본의 식사예절과 가장 다른 점은 식기를 손에 들고 먹는 것이 예의에 어긋난다는 것이다. 식기를 상에 놓은 채로 음식을 젓가락이나 숟가락으로 떠서 입으로 가져가는 것이다. 식기를 들고 먹는 일본식의 식사는 거지가 먹는 법이라고 비난을 받는다.

■ 그림 3-11 ■ 한국의 상차림

2. 일본요리의 테이블 세팅

1) 회석요리(會席料理)

주연형식이며 접대 향응식 식사메뉴로 현대의 화식메뉴의 주류를 이루고 있다. 화식의 테이블세팅을 상차림(膳組み)이라 한다. 회석(會席)에서는 탁상에 다리가 없는 상인(折敷)을 배치하는 경우가 많지만, 탁자를 사용하지 않고 다리가 있는 상을 사용하는 경우도 많다. 어느 것이건 간에 정형적으로 검은색 角不切(すみきらず)의 사방선(四方膳)이

자주 사용된다.

　개선된 상의 구조(膳組)로는 상에 정형의 그릇인 정원(원형)이나 사방(정방형)의 식기를 구성하지만, 회석(會席)에서는 정형의 그릇과 비정형의 자유로운 조화가 시도되어진다. 식단의 처음 상차림은 음식을 먹는 사람에게 강한 인상을 전해주기 때문에, 그릇과 상의 조화로움이나 자리의 경향에 배려하여 조합할 필요가 있다.

2) 그릇의 사용

　요리의 형태(회석(會席)요리, 회석(懷石)요리, 초밥이나 뱀장어의 전문점요리)에 맞춘 식기의 질감, 형태, 색, 크기 등을 진단한 후 구분하여 사용한다. 일반적으로 밥그릇은 손에 들기에 무겁지 않고, 가장자리는 혀에 닿았을 때 부드러운 촉감을 지닌 자기가 사용되며, 국그릇은 열 전도성이 낮은 칠기가 사용되어진다. 칠기는 본선요리나 회석(懷石)요리의 밥·국·조림그릇·회석(會席)요리의 국그릇으로 사용되어지며, 도자기는 이 외의 모든 곳에서 사용되어진다.

3. 중국요리의 테이블 세팅

1) 테이블

■ 그림 3-13 ■ 기본 테이블 item 위치

일반적으로 한 상에 8~10명이 모이며 원탁이나 방형의 식탁이 사용되어진다. 개인용의 식기는 사진과 같이 진열된다. 테이블은 금은의 象眼이나 조개의 나전세공, 흑단이나 비단, 주홍색을 칠하거나 중국특징의 조각을 세기는 등의 장식가치가 높은 것을 사용하는 것이 「접대」의 기분을 나타낸다. 테이블 클로스를 깔지 않는 경우도 있다.

2) 원형테이블

요리를 집기 쉽게 하기 위한 목적으로 일본인이 발명했다고 하는데 야채를 담은 큰 접시, 조미료, 장식 꽃 등 공용하는 것을 놓는다(공식적인 자리에서는 양념류세트를 놓지 않는다).

3) nouvelle senoire

홍콩에서 유래하는 테이블 세팅방법이다. 고급가게에서는 연한 핑크, 그린 색 등의 서양풍 테이블 클로스나 냅킨을 사용하며, 젓가락 외의 나이프나 포크를 세트하고 하얀 자기나 서양풍 그림이 그려져 있는 식기를 사용한다.

4. 서양요리의 테이블 세팅

대표적인 테이블 세팅으로 영국식과 프랑스식이 있다. 그러나 국제화 시대에 따라 영국식, 프랑스식이라 하는 대별을 하지 않고 유연한 스타일의 세팅을 사용하는 경향이 있다.

1) 테이블과 의자의 배치

테이블의 크기는 한 사람이 먹는데 필요한 개인적인 공간과 service plate나 센터피스 종류가 놓여져 있는 공통의 공간이 필요하다(테이블의 길이는 90~100cm, 옆사람끼리는 개인 고정 접시 중심간의 거리로 60cm 필요). 의자를 놓을 때에는 테이블에서 뒤의 벽(혹은 통로)까지 약 150cm 정도의 폭이 필요하다.

■ 그림 3-14 ■ 서양요리의 테이블 세팅

2) 영국식

식사에 필요한 모든 식기나 식 도구를 사전에 식탁에 나열하여 놓고, 커트러리는 위를 향하여 세팅한다.

■ 그림 3-15 ■ 정찬 table setting 예

3) 프랑스식

처음에 서비스하는 접시와 나이프, 포크, 글라스 종류만을 진열하여 놓고, 커트러리는 밑을 향하여 세팅하는 경우가 많다(커트러리의 뒷부분에 가족의 상징이라 할 수 있는 문양이 들어가 있는 경우).

식사 문화란 먹을 것들을 만들어내는 조리의 문화와 함께 모여 식사를 나누는 대접 측면의 식탁 문화로 구성되어진다. 세계의 여러 지역에서는 각 나라의 지역 식사 문화를 창조하고, 외래의 식사 문화를 수용하여 그것을 자신들의 식사 문화 요소로 융합시키면서 높은 수준으로 완성되어 풍부한 레벨과 자신들의 문화 수준을 높여왔다. 현대는 전 세계 사람들끼리의 교류도 왕성해지고, 식사 문화에 있어서도 상호 영향을 받아 커다란 변혁이 일어나 전통 식사 문화 가치가 재검토 되고 있다.

4 chapter

세계의 식사 문화

식사 문화란 조리하는 장소에 있어서의 조리 문화와 식사하는 장소에 있어서의 식탁 문화로 구성되어지는 모든 먹는 문화를 말하고 있다. 여기서 조리 문화란 조리도구, 조리조작, 식재료의 종류 및 요리를 하는 데 있어서 문화이며, 식탁 문화란 식기, 식도구, 테이블아트, 테이블 매너, 서비스 매너 등 대접 측면의 문화이다.

세계 각 지역에서 전통적인 식사 문화는 사람들이 다양한 환경에 적응하면서, 외래의 식사 문화를 수용하고 그것들을 자신만의 식사 문화와 융합시키면서 독특한 식사 문화로 완성시켜 만들어 졌다.

각국의 전통적인 식사 문화는 주식 재료를 지표로 하여 나타낼 수 있다. 주식이란 식사의 중심이 되는 식재료가 무엇으로 사용되었느냐에 따라 나뉘어진다. 주식이 되는 식재료의 선택, 수용에는 긴 세월과 노력이 축적되어 있으며 그것을 기초로 하여 식사 문화의 전통이 완성되어 왔다.

1. 주식에 의한 분류

세계 각지의 전통적인 식사 문화를 주식으로 하고 있는 식재료를 지표로 하여 표시하면 쌀을 주식으로 하는 식사 문화, 밀을 주식으로 하는 식사 문화, 우유와 고기를 주식으로 하는 식사 문화, 빵과 고기와 우유를 주식으로 하는 식사 문화, 잡곡을 주식으로 하는 식사 문화 그리고 서류를 주식으로 하는 식사 문화의 6가지로 대별된다.

먼저 쌀을 주식으로 하는 식사 문화권은 한국, 중국, 일본을 거쳐 인도 동부를 묶는 선으로 동부의 동아시아 및 동남아시아에 분포하며, 그 지역에서는 냄비, 찜통, 아궁이 등의 조리기구로 쌀을 찌거나 굽는 조리법이 발전했다. 밀을 주식으로 하는 식사 문화는 중국 북서부에서 인도 서부를 묶는 선으로 서 유라시아 대륙의 전역과 이집트 등 북아프리카에 분포하고, 오븐이나 탄두리를 이용하여 구워내는 조리방법이 발전했다. 우유와 고기를 주식으로 하는 식사 문화는 곡물을 생산할 수 없는 몽골이나 유라시아대륙의 경계지역에 분포하며, 특히 유제품의 제조기술이 발전했다. 17세기 초 무렵부터 유럽에서 캐나다, 아메리카, 아르헨티나, 호주 등에서는 빵과 고기와 우유를 주식으로 하는 식사 문화가 형성되어왔다. 옥수수 같은 잡곡을 주식으로 하는 식사 문화는 중남미와 아프리카에, 감자, 고구마, 토란, 마를 주식으로 하는 식사 문화는 남태평양, 남미, 아프리카 중앙부에 형성되어 있다.

2. 식사 방식에 따른 분류

국가와 민족마다 자연에서 얻은 주식의 특징에 의해 음식을 먹는 방법은 달라진다. 먹는 방법을 지표로 한다면 식사 문화는 크게 수식문화권(手食文化圈), 숟가락이나 젓가락을 이용하여 음식을 먹는 저식문화권(著食文化圈), 스푼·포크·나이프를 사용하는 커트러리문화권으로 나눌 수 있다. 수식문화권은 인도·동남아시아·서아시아·아프리카 등지가 이에 해당된다.

2. 각국의 식사 문화와 매너

1. 한국의 식사 문화

1) 한국인의 식생활 문화의 형성과 변천
(1) 부족국가의 식생활~삼국시대~통일신라시대

삼국시대의 식생활 중 가장 큰 특징이라면 농경생활의 확립이라고 할 수 있다. 그 이전에는 목축·어로·수렵 등이 주된 식량공급원의 역할을 맡았었다. 식생활의 안정을 기할 수가 있었고, 그 안정을 바탕으로 주·부식 분리의 식생활이 정착되기 시작하였다.

삼국시대의 농경을 살펴보면 북부에 위치한 고구려는 주로 밭농사를 중심으로 발전하였으며, 중남부에 위치한 신라와 백제는 밭농사와 논농사가 함께 발전하였다. 특히 백제는 중국 화남지방의 발전된 벼농사 기술을 도입하여 자신의 환경에 맞게 개량함으로써 삼국 중에는 앞서 벼농사가 발달하였다고 한다. 이 당시 각 국가의 왕권들은 나라의 기반을 다지기 위해 적극적인 권농정책을 폈으며, 그 결과 관개수리시설의 발달도 함께 이루어졌다.

집권층과 서민층의 식생활에 있어서의 구별이 생기게 되었다. 나라마다 왕족과 귀족들의 체제에는 약간의 차이가 있기는 했지만, 어쨌든 이들은 쌀과 갖가지 부식을 즐길 수 있었다. 고구려의 경우 통구 무용총 주실 벽화에서 흥미 있는 모습을 엿볼 수가 있다. 손님과 주인이 식탁 중앙에 마주하여 각각의 의자에 앉아 있으며 화려한 식탁과 시중을 드는 종이 함께 그려져 있다. 그러나 서민들은 왕족이나 귀족과는 달리 잡곡이 그들의 주식이었으며, 잡곡 중에서도 조나 보리를 주로 이용하였다.

이 시기에 정착생활이 보편화됨으로써 주거를 위한 주택이 그 모양을 갖추게 되었고, 또 부엌도 집의 모퉁이에 구성되었을 것으로 짐작하고 있다. 그리고 여성이 요리를 담당하는 식생활이 이미 이 시기에 일반화되었다. 점차 요리 담당자로서 여성의 역할이 커지고, 따라서 식품의 가공과 저장, 그리고 조리법도 상당히 발전되었다. 이때 밥·떡·조미료·김치 등이 널리 이용된 음식이었고, 띄우고 삭히는 발효기술도 사용되었다고 한다. 생선 및 육류구이에 대한 조리법 역시 상당히 발달하여 "맥적(貊炙)"이라는 고구려 특유의 고기구이를 중국인들이 매우 선호하였다는 기록이 남아있다.

(2) 고려시대의 식생활

삼국시대에 들어온 불교는 고려왕조에 이르러 정치와 문화 등 모든 면에서 불교적 분위기로 발전하는 계기가 되었다. 따라서 불교의 가르침에 따라 채식을 강조하는 경향이 식생활의 주류를 이루었다. 그러다가 몽고의 침략 이후 살생금지령이 완화되면서 육류를 다시 이용하기 시작하였다. 이 시대의 특기할 사항이라면 주막이 생긴 것과 조미료의 발달, 기호식품의 보급 등을 들 수 있다. 또한 소금의 전매권이 국가에 있어서 조리와 식품 저장법에도 새로운 변혁을 일으킨 시대였다고 할 수 있다.

고려왕조에 있어서 귀족들의 일반생활은 사치가 극을 달했던 것으로 보인다. 당시 권문세가의 잔치는 며칠씩 노래하며 취하기가 예사였다. 그리고 유밀과나 우유 등의 음식과 유향 등의 사치스런 소비경향이 극심하였다고 한다. 한편으로는 이러한 고도의 사치성 소비경향이 고려청자의 놀라운 발전을 이룩하게 되었음도 간과할 수 없는 사실이다. 그렇지만 관료나 호족들의 사치스런 생활과는 대조적으로 일반 백성들과 천민들의 생활은 그들의 횡포 속에서 가난에 허덕였다.

이들 계층에 대한 관리들의 수탈은 "만적(萬積)의 난"에 이어 여러 민란을 유발시켰을 정도였다. "아내가 자신의 긴 머리털을 잘라 남편의 음식을 마련했다"는 기록과 "백성들이 나무 열매와 잎으로 연명하고 있다"는 「고려사」의 기록에서 서민들의 고달팠던 생활을 엿볼 수가 있다. 이들이 사용했던 식기 역시 귀족들이 사용한 고려청자와는 큰 대조를 이루는 토기나 나무그릇 또는 놋그릇이었다.

상류층의 주식으로는 쌀·조·보리 등이, 서민들의 주식으로는 기장·조·수수·구리 등이 사용되었고, 부식으로 이용된 식품에는 육류, 수산물, 그리고 과채류들이 있었다. 육류의 경우, 고려시대에는 여러 지역에 목장이 있었고, 식육으로 사용된 것은 주로 말과 소였을 것으로 추측하고 있다. 이때 만들어진 음식 중의 하나가 쇠고기를 물에 삶아 국물과 함께 먹는 설렁탕이다. 이 시대에 음식으로 이용한 육류에는 소나 말 외에도 닭·돼지 등과 토끼·멧돼지 등의 야생동물이 있었고, 또 서민들에서 개가 널리 식용되고 있었다고 한다. 그밖에 각종 수산물·과실류, 그리고 채소류 등이 다양하게 이용되었고, 또 식초·참깨·후추 등 향신료나 조미료가 널리 이용되었다. 식생활 문화의 전반적인 체계와 구조가 확립된 시기이다. 떡, 과정류 등이 더욱 발달하였고 의례음식, 명절음식의 위치가 확실하게 다져졌으며, 양주법은 확대 발전하였다.

(3) 조선시대의 식생활

조선왕조는 고려의 국교였던 불교를 억압하고 유교를 숭상하는 새로운 시대를 열면서 과학기술의 발전, 한글창제 등 우리 문화의 화려한 꽃을 피운 시기이기도 하다. 그리고 이 시기에 유교적 윤리는 급기야 양반제도를 고착시켰고, 따라서 양반과 서민의 생활을 근본적으로 달리하게 되었다. 이 시대의 식생활 풍습은 고려의 그것을 거의 이어 받았으나 사치성은 더욱 극심했다고 할 수 있다. 그리고 농민을 포함한 서민들의 식생활은 고려시대의 그것과 별다른 차이가 없이 어려운 생활의 연속이었다고 하겠다.

조선 전기(前期)에는 한식(韓食)의 발달이 본격적으로 이루어진 시기로 궁중음식이 화려하게 발전되었고, 아울러 조상에 대한 봉제사(奉祭祀)와 가족제도에 따른 식생활이 크게 중요시되었던 시대였다. 또한 식료품을 공급하는 식료품 상점이 발달한 것도 이 시기였다. 농산물이나 해산물들이 더 다양해지고 각종 조미료가 더욱 화려하게 발전되었다. 그리고 조리법·가공저장법·조리기구 및 이조백자를 포함한 그릇들이 크게 발달하였다.

조선 후기(後期)에는 건국된지 200년 뒤에 한반도는 임진왜란(서기 1592년)을 겪었다. 7년에 걸친 이 전쟁에서 조선은 정치적으로나 경제적으로 막대한 손실을 입었다. 임진왜란은 조선을 전·후기로 구분하는 역사적인 계기가 되었으며, 후기의 조선은 전기와는 다른 새로운 양상을 보였다.

오래도록 유지하였던 양반제도가 서서히 붕괴되기 시작했고, 17세기 실학파의 대두와 자본주의적 경제체제의 발생 등은 근대(近代)로 향하기 위한 발돋움을 가능하게 하였다.

식생활에 있어서는 무엇보다도 한식(韓食)의 완성이 이루어진 때가 바로 이 시기였나. 또 17세기에 들어와서 우리 식생활사의 큰 변화를 가져올 고추도 이때 전래되었다. 그러나 전쟁과 기후이상으로 인하여 식량의 사정은 대단히 어려웠으며, 이러한 어려움을 이겨내기 위한 구황식이 발달되었다. 그리고 백성들의 이동이 많아짐에 따라 각 지방의 조리법이 서로 영향을 주고받기도 하였다.

한편 전쟁과 기아에 허덕이던 17세기와는 달리 18세기는 어느 정도 경제적으로 안정된 상태였고, 생활의 모든 면에서 조금씩 진보를 시작한 시기였다. 전쟁으로 흐트러졌던 여러 풍속들이 새로이 정착되고 이 속에서 식생활 역시 그 형태를 갖추게 되었다. 고구마·낙화생·완두 등의 외래식품이 전래되어 우리나라의 기후환경에 맞도록 개량, 재배됨으로써 식생활의 폭이 넓혀졌고 고추가 김치 및 각종 음식조리에 본격적으로 사용되는 대변혁이 이 시기에 이루어졌다.

그 후 19세기는 서양제국의 아시아 진출이 본격화되고 천주교 탄압과 일제의 침입 등으로 국내 사정이 여러 가지로 불안정한 시대였다. 이때 중국에서 감자가 전래되어 식생활에 새로운 변화를 주었고, 식품 유통의 부분적인 변화와 함께 술집·떡집·식품 행상인들이 거리에 등장하였다. 서민들은 술대접하기를 즐겼으며, 조선 후기에 와서는 시골의 시장 가에 주점이 많았다는 재미있는 기록이 있다. 이 시기의 식생활에 있어서 또 하나의 특징이라면 외국인들을 통해 들어온 서양요리와 서양식생활의 보급이었다. 그러나 서양식은 소위 개화된 일부 사람에게만 전래되었으며, 오히려 이로 인해 우리 것에 대한 인식이 높아져 한식의 완성을 자극할 수 있었다.

(4) 개화시대의 식생활

19세기 중엽 이후 개화기에 접어들면서 국제항쟁(國際抗爭)의 소용돌이에 말려들어 외부의 침략을 받으면서 외국의 식생활이 유입되었고, 국제간의 식품 유통이 확대되면서 식생활의 근대화가 이루어졌으며, 다양한 식생활 문화가 시작되었다.

그리하여 서양의 식품, 요리법, 식생활의 관습이 전해져 우리나라의 한식과 서양식의 식문화가 혼합된 이중구조를 이루었다. 또한 다방(茶房)이 생겨 커피를 보급시켰고, 밥과 빵, 양과자, 서양요리, 중국요리 등을 맛 볼 수 있었고 수저와 포크, 그리고 스푼을 혼용하게 되었다.

(5) 현대의 식생활

일제시대와 6.25사변(한국전쟁)으로 인하여 식생활의 궁핍화 시대를 초래했으며 60년대 말부터 70년대에 이르기까지는 경제개발 5개년 계획으로 급속한 경제성장을 이루기 시작하면서 산업구조가 고도로 성장하였고 식품 산업의 공업화가 형성되었다.

과자류, 라면, 통조림, 된장, 고추장, 햄, 소시지 등의 가공식품과 청량음료와 알코올

음료 등이 생산되었다. 식품산업의 발달로 시장의 규모도 대형화되었고 소규모의 상점으로 이루어지던 유통체계는 대규모 슈퍼마켓의 형태로 바뀌었으며 소비체제도 점차 확대되었다. 중화학공업이 발달하면서 고도의 경제성장과 소득증대가 이루어지기 시작한 80년대 이후부터는 쌀의 생산량은 과잉상태에 이르러 자급자족이 이루어졌다. 그러나 식생활의 서구화 추세로 인하여 밀가루 음식의 소비량이 높아지고 반면에 쌀의 소비량이 계속 감소추세를 보이자, 거의 수입에 의존하는 밀의 소비를 줄이고 쌀의 재고를 방지하기 위해 쌀 막걸리나 전통 한과 등을 개발하여 쌀을 위주로 한 전통 식생활 습관에로의 전환을 도모하기도 하였다. 90년대에는 서구식 식생활의 양식이 점차 확대되면서 고단백, 고지방, 고당질의 과잉섭취로 인한 식생활이 성인병의 발병률을 증가시켜 오늘날 국민의 건강을 위협하는 요인으로 논란이 되고 있다.

따라서 국민의 건강한 식생활 방안을 모색하기 위하여 건강식품, 자연식품 등에 대한 관심이 증대되어지고, 정부에서는 한국인을 위한 영양 권장량의 기준을 두어 합리적이고 균형 있는 식생활을 영위하도록 하였다.

2) 한국의 음식 문화

(1) 음양오행설에 따른 음식 문화 : 우주가 음과 양의 두 요소로 이루어진다는 생각에서 출발

① 오행설(五行說) : 木 火 土 金 水 – 5요소에 의한 상생 · 상극관계 성립한다.

예 우리나라 대표적인 주식인 쌀밥을 예로 들어보면

· 쌀은 흙에서 나오므로 토(土)

· 밥을 짓는 가마솥은 금(金)

· 밥을 지을 때 물은 수(水)

· 쌀을 익히는 불은 화(火)

· 불을 지피는 나무는 목(木)

서양의 색채체계의 기본은 빛의 파장의 차이(빨, 주, 노, 초, 파, 남, 보)에 따라 시계바늘 방향으로 구성되지만, 한국의 전통 색채체계는 화(적), 토(노랑), 금(흰색), 수(흑색), 목(청색)에 해당하는 색깔로 구성된다.

② 음양설(陰陽說)

음(陰)의 기운을 가진 달걀, 고기, 어패류 등의 동물성 식품과 양(陽)의 기운을 가진 콩, 과일, 식물성 기름 등의 식물성 식품이 조화를 이루어야 된다고 생각하여 한국인들은 음양의 조화를 맞추기 위해서 동물성 식품을 섭취할 때 식물성 식품을 곁들여 먹었던 것이다.

(2) 향토음식의 발달

각 지방의 향교를 중심으로 사림 문화가 성행하면서 향토 문화가 발달하였고 그 고장이 갖는 기후·지세 등 자연 배경에 순응하며 발달하였다. 향토음식은 그 지방에서 생산되는 재료를 가지고 그 지방의 조리법으로 조리하여 과거에서 현재까지 그 지방 사람들이 먹고 있는 음식이다. 각지 어디에나 있는 흔한 재료라 하더라도 조상들의 생활형태, 기후, 풍토 등 지역적 특성이 반영된 특유한 조리법이나 타지방과 차별적으로 발전한 가공기술을 이용하여 만들기도 하였다.

(3) 계절별 음식 문화

1년 사계절에 따라 관습적으로 반복되는 생활양식으로 시식(계절에 따라 나뉘는 음식)과 절식(다달에 있는 명절에 차려먹는 음식)으로 나누어 세시음식을 즐겨먹었다.

(4) 발효음식의 문화

주식이 밥 문화였기 때문에 부식이 함께 발달하였다.

① 김 치

식생활에 중요한 김치이지만 오늘날과 같은 김치가 출현한 역사는 의외로 짧다. 세는 방법에 따라 다르나 1,000종류 이상의 김치가 있다고 알려져 있다. 여기에서 사용하는 재료나 담그는 방법도 다양하다.

절인 배추에 무채, 고춧가루, 마늘, 생강, 젓갈 등을 넣어 담근 것이 배추김치이며 일본에서 보통 김치라고 하면 이것을 의미한다. 젓갈을 넣으면 아미노산의 맛난 맛이 부가 된다. 채소로 담그는 김치에 동물성 식품을 넣는 것은 한국에서 독자적으로 발달한 기술이다.

고추는 매운맛과 붉은 색소에 의해서 식욕을 촉진하는 것만은 아니다. 고추가 젓갈의 비린 냄새를 억제할 뿐만 아니라 그 매운 성분에는 지방의 산패를 막는 효과가 있으므로 젓갈이 부패하여 악취를 내는 것을 방지하고 있다. 고추에는 비타민 C가 풍부하고 또 고추와 마늘은 김치 속의 비타민 C의 산화를 막아서 정장작용을 하는 유산균의 번식을 활발하게 하고 있다. 이것이 김치가 세계에서 가장 건강에 좋은 채소 저장식품이라고 불리는 이유이다.

앞에서 말한 바와 같이 18세기 후반에 고추가 보급되어 현재와 같은 김치가 만들어진 것이다. 고추의 보급 이전에는 김치에 매운맛을 내게 하는 재료로서 산초가 쓰였다.

② 젓 갈

젓갈은 중국의 고대 문헌에 기록되어 있는 것으로 보아 명대(明代)까지는 잘 먹고 있었던 것 같은데 중국인의 식습관이 점차로 날 것을 먹지 않게 되면서 쇠퇴하여 현재에는 특정한 지방에서만 먹는 한정된 식품이 되어 버렸다. 일본에서는 예전에 밥반찬으로 쓰였는데 요즈음은 술안주로서 기호품화 되고 있다. 한국에서는 젓갈을 많이 먹고 있어서 대부분의 시장에 젓갈 전문점이 있고 젓갈을 담그는 가정도 많다. 젓갈은 그 종류도 많아 전라남도에서만 80종류의 젓갈이 만들어진다고 한다.

(5) 의례음식(儀禮飮食)의 문화

① 삼신상 : 아기와 산모의 건강회복

② 출산시 : 첫국밥 = 흰밥과 미역국(미역은 넓고 긴 것)

③ 삼칠일 : 축의음식(祝儀飮食) - 백설기 → 출생 후 21일째 날

  • 삼칠일 때문에 달았던 금줄을 떼어 외부인의 출입을 허락하고 축하하는 의미

  • 백설기는 집밖으로 나가지 않고 집안 가족끼리 먹었다.

④ 백일 : 100이라는 숫자는 큰 수, 많은 수, 완전수(完全數)

  • 백설병을 찌고 백집을 나누어주어야 무병장수

- 붉은 팥고물을 묻힌 찰 수수경단 – 귀신이 적색을 피한다.
- 오색송편 – 축의의 떡. 평상시 송편보다 아주 작은 크기로 빚어 냈고, 오색은 만
  물의 조화를 상징했다.
- 출산된 신생아를 중심으로 모두 기복(祈福)과 발화(拔禍)를 빌었다.

⑤ 첫 돌
- 떡 – 백설기, 붉은 팥고물을 묻힌 수수경단, 찹쌀떡, 송편
- 과일
- 돌잡히기 – 남아의 상차림과 여아의 상차림

⑥ 생일 : 떡과 과일을 차려놓고 부모님의 친구들이나 친지께 국수장국을 대접한다.

⑦ 관례(冠禮)

⑧ 혼례(婚禮) – 傳統婚禮
- 의혼(議婚) : 결혼 의사를 타진하는(중매)
- 납채(納采) : 혼인 날짜를 정하는 사주, 연길(四柱, 涓吉)
  - 청색 종이에 싼 홍단(동심결)
  - 홍색 종이에 싼 청단
  - 음(陰) : 靑(여성)
  - 양(陽) : 紅(남성)
- 납폐(納幣) : 예물을 보내는(혼서지, 채단)
- 친영(親迎) : 혼례식을 올리는(전안례, 교배례, 합근례)
- 소나무, 대나무 : 굳은 절개를 지킨다는 뜻
- 밤과 대추 : 다남(多男)
- 청색 · 홍색 보자기에 싼 자웅
- 봉치떡(봉채떡) : 찹쌀(부부금슬)
- 붉은 팥고물(화를 피한다)
- 대추(아들자손 번창)

⑨ 회갑 : 과정류, 생과실, 건과류, 떡, 전과류, 숙육편육류, 전유어류, 건어물을 30~60㎝ 원통형으로 세운다. 祝, 福, 壽

⑩ 상례(喪禮)

⑪ 제례(祭禮)

- 젯메 : 밥
- 탕 : 단탕, 3탕(육탕, 어탕, 소탕), 5탕(봉탕, 잡탕 : 북어국, 무다시마국)
- 적 : 육적, 어적, 소적, 두부적, 봉적, 잡적(봉복, 잡적 : 채소적)
- 니물, 포, 숙실과, 식해, 변
- 조율시이(棗栗柿梨) : 왼쪽부터 대추, 밤, 배, 감
- 홍동백서(紅東白西)
- 생동숙서(生東熟西)

3) 한국의 식사매너

① 식사를 할 때에는 자세를 바르게 하여 의젓하면서도 자연스럽게 식사한다.

② 수저 소리, 국물 마시는 소리, 음식 씹는 소리는 내지 말아야 한다.

③ 두 사람 이상이 같이 식사 할 때는 자기가 필요한 만큼 덜어 먹을 수 있도록 각 접시를 놓도록 하는데, 물론 간장, 초간장 등의 조미료도 덜어다 먹는 것이 좋다.

④ 국에다 밥을 말아서 식사를 하는 것은 식사예법의 원칙에 어긋나는 것이므로 떠서 먹도록 한다.

⑤ 식사 중에 젓가락과 수저를 동시에 한 손에 쥐고 있는 것은 보기 좋지 않으므로 주의해야 한다.

⑥ 김치 국물, 동치미 국물 등을 떠먹을 때는 수저의 기름기가 뜨지 않도록 주의하며, 그릇채 들어 마시는 일이 없도록 한다.

⑦ 그릇을 들 때는 손가락 사이를 벌리지 말고, 엄지손가락 이외의 네 손가락은 되도록 움직이지 않도록 한다.

⑧ 어른이나 친구와 겸상 또는 셋겸상 등의 식사를 같이 할 때는 먼저 어른이나 손님인 친구가 수저를 들어서 식사를 시작하면 그때 시작한다.

⑨ 식사를 끝낼 때도 같이 식사하시는 분이 끝나기 전에는 끝내지 말아야 한다. 만일 부득이 먼저 끝이 났으면 수저를 반기 또는 탕기, 숭늉 그릇 등에 담아 놓았다가 상대방의 식사가 다 끝나면 수저를 내려놓는다.

⑩ 식사 중에 음식에서 돌이나 기타 먹지 못할 것을 발견했을 땐 옆 사람이 눈치 채지 않도록 조용히 휴

지나 손수건에 뱉어서 상 밑에 두었다가 나중에 버린다.

⑪ 식사 도중에는 누구나 자리를 떠서는 안 된다. 아주 급한 일이 있어서 부득이한 경우에는 할 수 없지만, 다소 바쁘더라도 식사가 끝날 때를 기다려서 폐가 없도록 하는 것이 좋다.

⑫ 식사가 끝나고 후식(後食) 시간이 되면 서로 환담을 나누어 가며 부드러운 분위기에서 즐거운 시간을 갖도록 한다.

⑬ 식사 예법이 몸에 배도록 일상생활 중에도 식사 예법을 지키도록 한다.

⑭ 사람에 따라서는 식사를 할 때 다음에 적은 바와 같이 좋지 않은 버릇을 가진 경우가 있는데, 그런 버릇이 있는 사람은 주의를 기울여서 고치도록 한다.

ㄱ. 밥을 한 쪽에서부터 곱게 뜨지 않고 뒤척이며 먹는 버릇

ㄴ. 허리를 굽혀서 온 몸을 웅크리고 식사하는 버릇

ㄷ. 수저에 붙은 밥알 반찬 찌꺼기를 빠는 버릇

ㄹ. 밥을 한 번 뜬 후, 이 반찬 저 반찬을 뒤적이며 머뭇거리는 버릇

ㅁ. 음식을 흘리며 떠먹는 버릇

ㅂ. 손등을 위로 해서 주먹을 쥐듯이 수저를 잡는 버릇

2. 일본의 식사 문화

일본인의 선조인 승문인은 일만이천년 전부터 대략 만년간에 걸쳐 일본국토에 거주하였으며, 춘하추동의 변화하는 자연을 느끼며 수확적기나 계절마다 맛이 좋은 음식재료를 선택하여 그것들을 식재료로 하는 식사 문화를 형성시켜 왔다. 이렇게 이용한 식재료는 매우 여러 종류였다. 이들 중에는 얼레지, 칡, 참마 등의 뿌리 식물에서부터 밤, 호두 등의 열매종류, 그리고 전갱이, 정어리, 가다랭이 등의 어패류와 토끼, 사슴, 멧돼지, 꿩 등의 짐승류 등이 있었다. 승문 토기는 승문인이 창의하여 만들어낸 세계 최초의 발열용 가마솥으로, 승문인은 이를 이용하여 데치고 삶고 하는 요리기술을 사용해 왔다. 이러한 승문시대의 식사 문화 안에는 선조 사람들이 창조하고 양성해온 일본의 식(食)의 원점이 있다.

쌀밥을 주식으로 하고 야채·생선 종류를 식재료로 하는 각종 요리를 부식으로 하며, 이것들에 술·과자 등의 기호식을 첨가하는 식으로 구성된 일본의 식사를 화식(和食)이라 한다.

쌀밥을 주식으로 하는 식사 습관은 미생시대(米生時代)의 수전 농작의 도입과 고분시대(古墳時代)의 가마솥·시루·아궁이(굴뚝 없는 아궁이)의 취사용 조리기구의 도입이 기점이 되어 시작되었다. 에도시대에 들어와 아궁이에 밥을 짓는 데 전용으로 사용되었던 羽釜가 설치되어 밥짓는 기술이 완성됐다. 부식의 조리로는 조림, 구이, 무침, 羹(뜨거운 국), 채소 절임 등이 있으며 조미료로는 식염, 식초, 간장, 된장 등이 있다. 이러한 화풍(和風)요리의 기본적인 형태는 나라시대에 중국(당 나라)의 식사 문화를 도입함으로써 성립된 것이다.

에도시대에는 쌀의 수확량이 증가하고 방에 다다미를 깔고 앉아서 생활하는 화식생활양식과 하루 세끼의 식사횟수가 정착하였으며, 게다가 화식 풍의 향응식 식사형식이 확립된다. 화식에서는 식재료를 취사하여 맛을 낸 따뜻한 요리를 제공하는 방법이 고안되어 왔다. 특히 손이 많이 가는 야채요리법이 창안되어, 데침, 조림 등의 요리기술을 발전시켜 왔다. 야채를 끓이는 요리는 다시, 식염, 미림, 간장 등으로 맛을 낸 국물을 푹 끓여 그 수증기를 제공했다. 또한 화식에서는 여러 가지 주재료가 자연의 풍미를 느낌과 동시에 향신료나 향미 야채, 조미료 등의 풍미도 함께 즐길 수 있도록 만들어 졌다.

1) 일본요리의 종류

(1) 본선요리(本膳料理)

무로마치(室町)시대의 무가집안의 향응식사형식으로 완성된 것이 식삼헌(酒禮), 향선(饗膳), 주회(酒會)이다. 향선은 본선에 밥, 국, 나물, 장아찌(一汁一菜, 일즙일채)를 제공하고, 갖가지 요리를 올려놓은 외상(膳)을 본선(本膳) 중심으로 하여 나열해 놓는 식사형식으로 가장 화려한 것이 칠선(七膳)의 형식이다.

향응의 화려한 아름다움을 전시하기 위해 많은 상(膳)들이 평면적으로 배치되어 있다. 이는 보기 좋게 요리를 여러 가지 진열해 놓는 형식으로 정식 연회요리였다.

(2) 회석(懷石)

무로마치시대 후기에 센리큐(千利休)가 「와비(ワビ, 다도에서의 한적한 정취)」의 깨달음을 얻고자 다도(茶道)를 완성했다. 회석은 정식 다도로 차를 마시기 전에 반드시 붙어 나오는 식사형식이다. 이는 「식사 없는 다과회」시 공복상태에서는 대접하는 차를 마셔도 그 진정한 맛을 느낄 수 없기 때문에 나타난 것이다. 회석(懷石)이란 마치 온몸에 약간의 따뜻함을 주는 온석(溫石 : 활석따위를 달구어 천에 싸서 몸을 따뜻하게 하는 것)을 전해주듯이 어느 정도 뱃속을 따듯하게 할 정도의 간소한 요리라는 의미이다.

게다가 충분히 조리되어진 요리를 따뜻한 상태로 손님 앞에 제공하여 깊은 차의 맛을 느낄 수 있도록 요리의 조미는 담백하게 하는 등 조리의 방법, 제공하는 방법에서도 손님을 대하는 세심한 배려가 필요하다.

(3) 회석요리(會席料理)

후쿠사요리(본선요리방식)를 주안형으로 간략화 하여 음식점의 주안형식으로 발전시켜 온 요리이다. 요리는 술안주를 중심으로 하여 먼저 내고, 최후에 밥과 국, 장아찌가 제공되는 형식이다. 요리의 제공방법, 요리내용은 회석(懷石)에서 배우고 있다.

(4) 정진요리(精進料理)

무로마찌시대의 본선요리와 거의 같은 시기에 고기종류를 사용하지 않고 야채만을 이용한 요리로 전통 일본요리의 한 부분을 차지하고 있는 형식이다. 이렇게 정진요리란 검소한 음식이며, 결코 미식(美食)의 요리는 아니다. 여기서 말하는 미식이란 양고기를 먹는 것으로, 고기를 사용한 요리 이상 아름다운 맛은 없다는 고기 맛을 즐기는 식사를 의미한다. 「미(美)」의 한자는 큰대(大)와 양양(羊)이 합쳐진 문자로 커다란 양이 초원에서 무리를 지어 있는 정경이라는 매우 아름다운 형상문자이다.

정진요리는 불살생을 철칙으로 하여 식물성 식품만으로 식사를 구성한다. 그렇기 때문에 정진요리에서는 야채 요리로 세밀한 맛을 내고, 깊은 풍미를 느낄 수 있도록 손이 많이 가는 창의적인 고안이 필요하여 데치고 끓인 요리기법이 발전했다.

2) 일본요리의 서비스와 매너

• 일본의 식사매너의 특징

① 형식을 중시하는 작법

일본은 예로부터 "식은 신과 함께 있다(신인공식)"는 고유의 민족의식으로 식사의 존재를 규정해 왔다. 식사작법은 불교나 유교의 영향, 선종이나 차도를 비롯하여 禪僧道元(1200~1253년)이 기록한 『전좌교훈(典座敎訓, てんぞきょうくん)』(요리사의 마음가짐)이나 『부죽반법(赴粥飯法, ふしゅくはんぽう)』(식기의 진열방법, 수납방법 등의 식사작법)의 영향이 크다. 당시 선승의 규범이었던 "잘먹겠습니다"와 "잘먹었습니다"의 작법은 오늘날에 이르기까지 전승되어오고 있다. 일찍이 식탁에도 봉건적 가족제도로 식사의 자리배치, 식기나 식사 장소의 내용 등 가장의 부친을 정점으로 하는 풍습이 있었다. 식사는 아이들의 예의 범절의 장소이지 커뮤티케이션의 장소가 아니기 때문에 대화를 나누는 것은 금지되었다. 이 작법은 "음식을 신물에게 바쳐 묵묵히 먹는다"라 하는 의식과 선종의 사고방식에 기초를 두고 있는 것이다.

메이지의 문명개화를 맞이하여 외교상 그 필요성이 부각되어 서양의 식사매너를 도입하였고, 다이쇼시대에는 중국요리도 침투되어 식탁의 절충화가 진행되었다. 쇼와시대부터 가정의 식탁은 선형식(외상)에서 원형의 차부다이(여럿이 함께 먹는 높이가 낮은 밥상)로 변화하여, 식탁을 둘러싸고 이야기를 나누게 되었다. 제 2차 세계대전 후 각 지역을 중심으로 다이닝 키친이 보급되어, 의자 식의 테이블이 주류를 이루어 정좌의 필요성이 없어짐과 동시에 식탁의 매너나 규범도 점점 느슨해졌다.

② 젓가락의 작법

젓가락은 동양독자의 식사용구이다. 일본요리는 젓가락으로 집어먹기 쉬운 크기와 부드러움으로 요리되었다. 젓가락의 사용방법에 식사매너가 집약될 정도로 젓가락과 관련된 매너가 많다.

3) 일본요리의 서비스

• 회석(會席)요리의 서비스

① 연회석에서의 회석(會席)요리의 배선방법에는 한번에 모든 요리를 늘어놓는 평면적 배선과 한 가지씩 간격을 두고 요리를 제공하는 방법이 있다.

② 서비스는 모두 주빈으로부터 행한다.

③ 연회석에서는 원칙적으로 손님의 앞쪽에 요리를 제공한다. 뒤쪽일 경우에는 우측에서 제공하고, 치울 때는 좌측에서 한다.

4) 회석(會席)요리의 매너

① 밥그릇과 국그릇은 손에 들고, 작은 종지나 평평한 접시 등의 손바닥에 들어갈 만한 크기의 그릇은 들어서 사용하는 편이 좋다. 커다란 그릇은 테이블에 놓은 채로 왼손은 식기를 받치고, 젓가락으로 덜어 먹는다.

② 우측에 있는 그릇의 뚜껑은 우측에, 좌측에 있는 그릇의 뚜껑은 좌측에 놓는다. 다 먹은 후에는 원래의 자리에 놓는다.

③ 따뜻한 요리는 식기 전에 먹는다.

④ 가시가 있는 생선은 머리 쪽 부분부터 젓가락으로 떼어 먹고, 윗 부분의 고기를 먹은 후에는 뼈를 떼어내고 그대로 아래쪽의 고기를 먹는다.

⑤ 젓가락으로 먹기 힘든 요리는 손을 사용해도 매너에 위반되지 않는다.

⑥ 젓가락은 젓가락 받침대에 놓고 받침대가 없을 때에는 젓가락의 앞쪽을 상의 가장자리에 걸쳐놓든지, 젓가락 주머니를 묶어 젓가락 받침대로 사용한다.

⑦ 건배는 한번만 하며, 술잔이나 맥주 잔도 손에 들어 응한다.

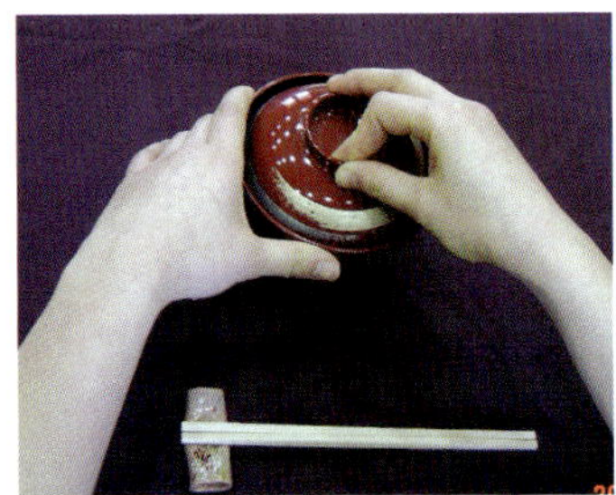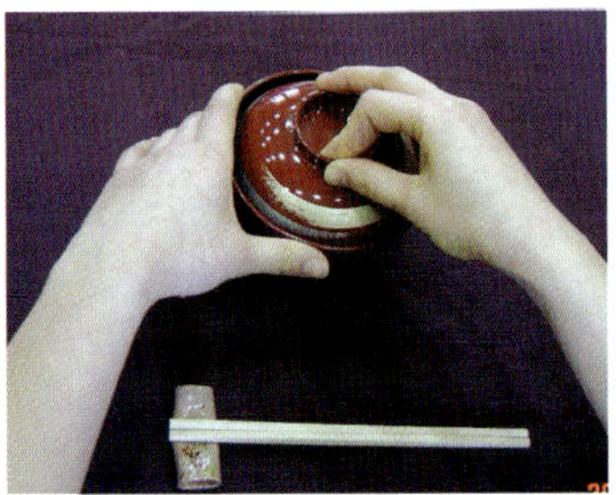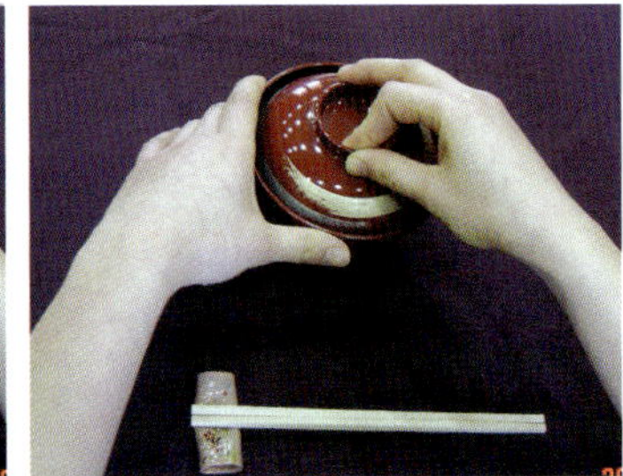

■ 그림 4-2 ■ **뚜껑의 취급 방법**

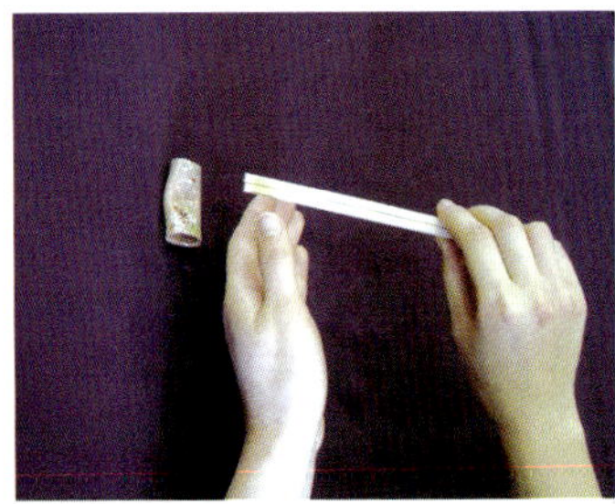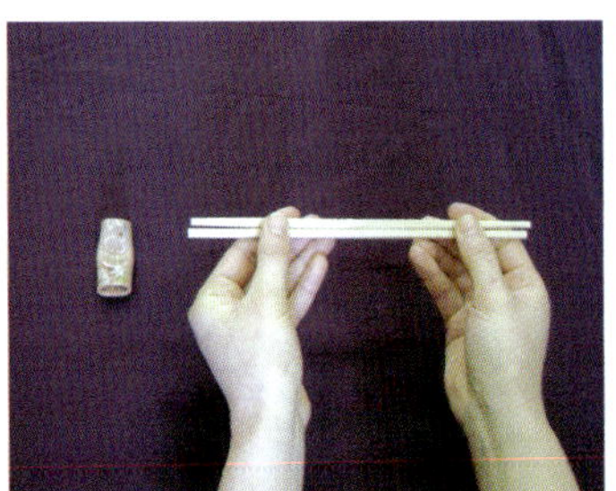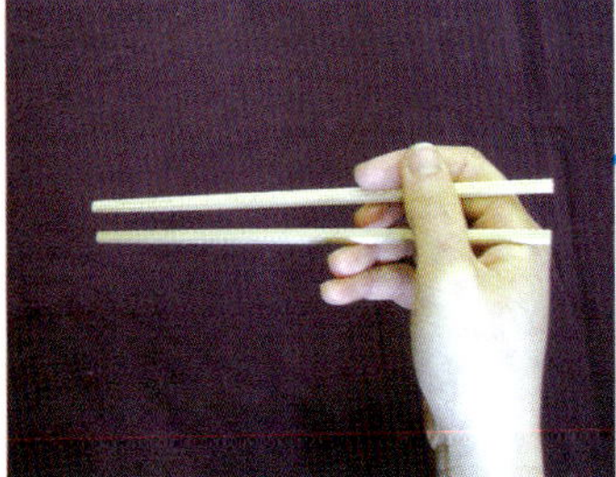

■ 그림 4-3 ■ **젓가락의 취급 방법**

5) 자리배치의 결정 방법

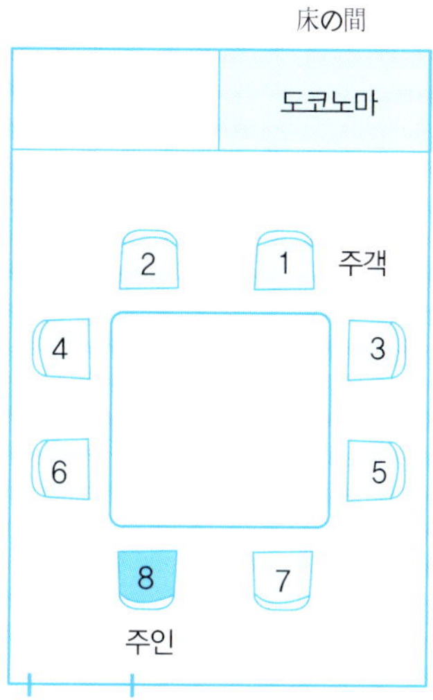

■ 그림 4-4 ■ 일본요리의 좌석 결정

■ 그림 4-5 ■ 일본식 상차림

3. 중국의 식사 문화

중국의 전통적인 식사 문화는 중국요리의 예술적인 조리조작기술과 식탁의 형상요리의 진열방법, 식기의 사용법, 예절을 중시하는 풍속습관에서 성립되었다.

중국의 고대 식사 문화는 약 3,500년 전 경 은나라시대 황하유역에서 성립했다. 당나라 시대(618~907년)에는 페르샤의 식재료와 조리법이 유입되어 생활수준이 높아졌다. 부드러운 기호도 생겨나게 되어, 호식(胡食 : 페르샤 식)을 융합한 풍성한 식생활이 탄생했다. 원나라시대(1260~1360년) 중국은 북경을 중심으로 한 유라시아 대륙으로부터 유럽을 묶어 하나의 세계제국이 되어 여러 식문화가 융합되었다.

고기와 여러 종류의 야채를 넣고 끓인 요리는 오래 전부터 중국 식사의 중심이었다. 중국요리는 매우 국제적이며 광범위한 지역에 걸쳐있어, 오래 전부터 있었던 수수나 대맥, 쌀, 야채, 돼지고기, 생선, 향신료 등을 비롯하여 서쪽 및 남쪽에서 도입된 밀가루, 오이, 마늘, 시금치 등의 야채 그리고 깨, 후추를 비롯한 향신료 외에 포도주, 설탕, 양고기, 낙농제품 등의 유목민 음식 등 유라시아 대륙에서 발견되는 거의 대부분의 식재료가 포함되어 있다. 명나라 말기에는 피단(중국요리에서 오리알을 석회 · 소금 · 진흙 등에 담근 것), 상어 지느러미, 북경오리, 전복, 다양한 산해 진미 등의 식재료가 출현했다. 조미료로는 식염, 설탕 이외에 다양한 발효조미료(간장, 젓갈, 술, 누룩, 식초 등)를 독자적으로 개발하여 이용했다.

1) 중국요리의 특징

(1) 의식동원(衣食同原)과 식사 문화

의식동원은 여러 가지 식재료를 채취할 적합한 계절을 선택하여, 각각의 병을 어떤 음식으로 치료할 수 있는가 하는 것으로 중국 식사 문화의 기본적인 사고방식이다. 또한 음식에 싫증을 느끼지 않도록 자연의 법칙에 따라 살아가는 것, 엄격한 자연환경에 견딜 수 있는 신체를 만드는 것, 불로장생 실현 등을 식사의 목적으로 하고 있다.

현대의 중국 식사 문화는 의식동원과 함께 흘점심(吃点心)이라는 중국의 독특한 식사 스타일이 보편화되어 있다. 이 점심(点心)으로 선택된 음식이란 소화하기 쉬운 교자, 소매(燒賣), 만두, 면류, 찐 만두 등의 밀가루를 주재료로 한 요리로 이것들이 좋은 음식의 대표적인 것들이다. 이 식사형식을 홍콩에서는 야무차(飮茶)라 부르는데, 요리가 조금씩 나오는 것이 독특하다.

(2) 독특한 조리기구와 조리법

중국요리에서는 현대에 이르러 식미(食美)는 창조해야 한다는 사상이 생겨났다. 조리 기술에 있어 소재 선택은 「정(精)」으로, 칼을 다루는 데는 「세(細)」로, 불의 세기는 격조 있게 함으로써 세계의 최고 레벨에 달했다. 직경 30~50cm, 두께 10~20cm의 통나무를 통째로 썰어 만든 중국식의 독특한 도마와 폭이 넓고 무거운 중화요리 칼 세트, 그리고 냄비 밑바닥이 반구형이 되어 있는 중국의 독특한 철제의 중화냄비와 냄비가 딱 들어가는 아궁이로 이루어진 조리세트를 사용하여 복잡하게 변화하는 많은 요리들을 만들어낸다. 가열방법은 볶고, 튀기고, 끓이고, 찌고, 굽는 5종류로 대별되며, 이것들을 서로 조합하여 수십 종의 조리법과 다채로운 조미법이 사용된다.

중국요리에는 북경요리, 사천요리, 광동요리, 상해요리의 사대지방요리 외에 많은 지방요리가 있으며, 이들 나름대로의 독자성을 지니고 각각의 지역에 정착하게 되었다.

2) 중국요리의 매너

(1) 중국요리의 서비스

① 가정적인 분위기의 서비스에서는 큰 접시에 담긴 요리를 중앙에 놓고, 각자가 자신의 작은 접시에 덜어 먹는다.

② 정중한 서비스에서는 프레젠테이션이라 하는 테이블을 오른쪽으로 회전시켜 요리를 주빈 앞에 멈춰, 사이드 테이블에서 요리를 덜어주는 서비스를 한다.

③ 요리는 손님의 우측에서 제공하고, 치울 때는 좌측으로 한다.

④ 덜어 먹는 접시는 각 요리마다 교환할 수 있도록 여러 개 준비한다.

⑤ 음료는 우롱차, 쟈스민차 등이 서비스의 주류를 이룬다. 따뜻한 물로 스며 나오는 향이 진하며, 진한 차의 맛을 느낄 수 있다.

⑥ 건배는 요리가 올 때마다 여러 번 한다. 술은 황주, 백주, 약주, 과주, 맥주 등이 제공된다.

(2) 중국요리의 매너

① 젓가락과 수저 양쪽을 병행하여 사용한다. 반찬과 밥은 젓가락으로 먹고, 탕채, 걸쭉한 요리, 면류는 숟가락을 사용한다.

② 밥그릇 이외의 식기는 식탁에 놓은 채로 먹는다.

③ 요리는 큰 접시에 담아 있기 때문에 주빈이 우선 그 큰 접시에서 자신의 접시에 덜고, 다음에 옆 사람부터 각자의 젓가락으로 집는다.

④ 요리는 젓가락으로 흐트러트리지 않으며 다른 사람이 요리를 덜고 있을 때는 피하여 다른 사람의 스푼이나 식기가 서로 닿지 않도록 탁자를 우회전시킨다.

⑤ 주빈이 자리를 일어난 후에 자리를 뜬다.

3) 자리배치의 결정 방법

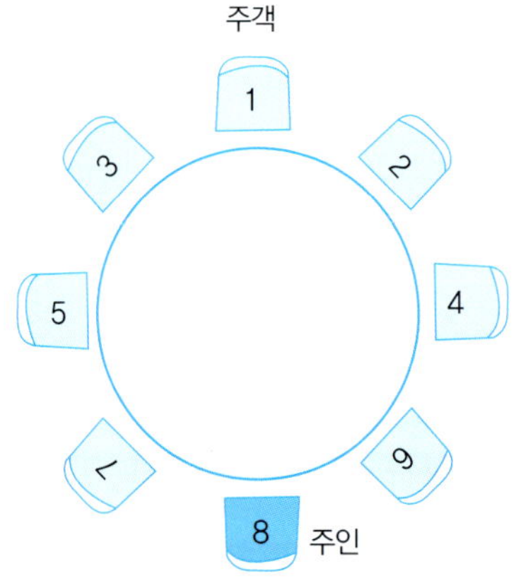

■ 그림 4-6 ■ **중국요리의 좌석 결정**

4. 프랑스 식사 문화

현재의 프랑스 식사 문화는 중세 크리스트교 세계의 유럽 제후들 사이에서 행해져 온 외교상의 연회석 식사 문화에서 탄생했다. 왕후와 귀족들의 조리사는 유럽 각국간에 국제적으로 왕래하고, 거물 조리장은 고액으로 고용되어 그 명성을 서로 경쟁했다. 그리하여 왕후귀족들의 연회석자리에 사용되는 식재료의 선택, 조리법이나 호화스러운 연회석자리의 연출기술은 매우 높은 수준까지 다다르게 되었다.

1) 프랑스요리의 대두와 혁명

르네상스로 개화한 이탈리아의 식사 문화는 16세기 중엽 프랑스요리에 소개되었다. 그 후 프랑스요리는 베르사유 궁정요리로 더욱 세련되어지고 예술적인 경지에 이르러 결국 루이 15세 시대(1723~1774년)에 최고 레벨에 도달했다. 이 시대에는 소스의 농도를 위해 정식으로 루(roux 밀가루를 기름이나 버터로 지진 것)를 사용하기 시작하였으며, 식재료가 지닌 고유의 맛을 존중하도록 하였다. 또한 고전적인 관습이 변화하여 이 시기의 새로운 요리로 누벨·퀴진(nouvel cuisine)의 개념이 처음으로 제공되었는데, 프랑스에서의 진정한 요리혁명인 누벨·퀴진은 20세기 후반에 일어났다.

2) 미식의 황금시대

1789년 프랑스혁명 이후 왕후귀족의 고용인이었던 조리사들이 독립하여 자신들만의 레스토랑을 차렸다. 이로 인해 미식(美食)이 대중화되어 미식가의 시대를 열었다. 요리의 과학화가 유행하고, 소스나 곁들어 먹는 음식의 조리법은 다양하게 변화했다. 향신료로 맛을 내어 끓인 요리와 강한 불로 가열하는 프라이팬요리가 행해졌다. 식사는 짭잘한 맛에서 단맛으로 유도하도록 하기 위해 시계열형(時系列形)으로 조직되어 각 요리에 어울리는 와인이 시사되었다. 식사의 성과는 시각적인 아름다움과 각 요리의 식미(食美)의 종합으로 평가되었다.

3) 가정요리

18세기에는 조리사에 의해 요리서가 출판되었으며, 가정의 주부에게도 새로운 요리기술에 대한 설명이 풍부하게 전해지게 되어 가정요리가 발전했다. 향신료나 향초(香草)의 분량을 재어 사용하게 되었으며 조리조작에 있어서 가열시간이 정확하게 행해졌다. 버터는 야채·생선·육류요리의 모든 곳에 사용되었다. 순무, 시금치, 양상추, 호박 등의 새로운 야채가 식탁에 도입되었다.

닭을 삶거나 양고기 스튜나 크림소스로 익힌 고기요리 등 밀가루로 끈기지게 하는 특징을 지니고 있는 요리가 가정에서 만들어졌다. 가정의 식당·손님겸용의 거실에는 샹들리에가 부착되었으며 그 밑에는 은기나 자기의 식기가 반짝이고 주부에 의한 가정요리가 풍성하게 갖추어짐에 따라 각 가정에 손님을 초대하여 디너를 즐길 수 있게 되었다.

4) 현대의 식사 문화

1970년대에 안전한 식재료에 따른 식사제한, 날씬한 몸매, 자연과의 조화, 기존 사회질서의 거절 등을 정신적인 배경으로 하는 새로운 요리혁명이 일어났다. 이는 새로운 가열방법을 이용하여 간단한 요리나 소스를 만드는 「누벨·퀴진(nouvel cuisine)」, 각 지역의 개성 있는 와인이나 치즈를 이용한 「지방요리의 복권」 및 프랑스요리를 기초로 한 건강한 일본·타이요리 등을 융합한 「퓨전요리」의 창조, 이 세 가지 요소가 함께 담겨있다.

3. 현대 식사 문화의 창조와 변용

쌀밥을 주식으로 하고 야채·어류를 식재료로 한 다양한 요리를 부식으로 하는 화식요리에서는 계절 야채나 어조(魚鳥)를 사용하여 끓이거나 굽는 따뜻한 요리로, 재료가

지닌 고유의 맛을 살린 간소한 요리가 중심이었다. 화식에 있어서「구미화(驅米化)」,「국
제화」의 커다란 변화가 해방 이후 문명개화를 계기로 일어나게 되었다.

1) 패스트푸드

제 2차 세계대전 이후 일본인의 식생활스타일에 커다란 영향을 전해준 것으로 패스트
푸드 서비스를 들 수 있다. 이것은 센트럴키친으로 냉동조리식품 혹은 냉동반조리식품을
만드는 기술과 그것을 패스트푸드 레스토랑(점포)에 배송하고, 점포에서 재가열 기술로
제공하는 기술이 성립했다. 패스트푸드 서비스 시스템이란 체인화 된 다 점포 경영으로
사업의 확대, 판매촉진, 비용절감을 달성했다. 운영은 일정한 매뉴얼에 따라 행해지며,
요리의 질과 맛, 서비스 등은 체인 점포간에는 모두 같기 때문에 손님에게 있어서는 안
심하고 이용할 수 있다는 이점이 있고, 주문에서 제공까지의 대기 시간이 매우 짧으며,
신속한 서비스가 판매의 센트럴키친방식으로 채용되어 있는 것도 특징이다. 이러한 시스
템으로 각각의 점포에서는 손님의 주문에 의해 요리를 재가열하고 그것을 보기 좋게 담
아 제공하는 매우 빠른 서비스가 가능하게 되어, 바쁜 도시민들의 생활에 큰 환영을 받
았다. 이 패스트푸드 서비스 시스템의 도입으로 다양한 요리에 있어 다양한 기구가 개발
되어, 여러 가지 요리를 동시에 빨리 제공할 수 있게 되었다. 철저한 경영합리화로 인한
저가격 정책으로 사람들은 외식을 보다 가벼운 마음으로 할 수 있게 되었다. 외식의 기
회가 늘어가는 현대생활에 있어 편리한 레스토랑으로 자리잡고 있다.

2) 퓨전요리(융합요리)

한 가지 전통적인 식사 문화의 요소와 다른 지역의 전통적인 식사 문화의 요소를 융합
하여 후세에 전할만한 가치를 지니도록 만들어낸 새로운 요리를 퓨전요리라 한다. 이것
을 식의 융합이라 하며, 이는 식의 창조를 만들어 내고 요리혁명을 일으켜 매우 풍성한
식사 문화에 공헌하게 된다.

1990년대가 되어 미국 뉴욕에 퓨전요리점을 표방하는 레스토랑이 개점되었다. 그 이

후 미국에서 식사의 건강적인 면의 도입을 목적으로 한 퓨전요리가 창조의 기운에 휩싸였다. 아시아 조미료를 비롯하여 참깨, 표고버섯, 모야시 등의 아시아 식재료를 첨가하는 다양한 퓨전요리가 등장한다. 이로 인해 미국에서 세계의 전통적인 식사 문화 요소를 수용한 새로운 식사 문화의 창조가 강하게 요구되어지고 있음을 알 수 있다.

3) 슬로우푸드 활동

이탈리아는 2000년 전 고대 로마시대를 기점으로 하여 중세 크리스트교 세계를 지나 유럽의 전지역 식사 문화 성립에 관여한 전통 있는 식사 문화를 지니고 있다. 슬로우푸드 활동은 패스트푸드 가게로 맥도널드 햄버거가 로마에 오픈 한 것이 자극이 되어 1986년에 이탈리아의 피에몬테주 부라(bra)에서 시작되었다. 슬로우푸드는 획일적이고 표준화된 패스트푸드와는 전혀 다른 음식을 의미하고 있다. 사라질 위험이 있는 전통적인 식재료나 질 좋은 식품, 술을 지킬 것, 질 좋은 재료를 제공하는 소 생산자를 지킬 것, 아이들을 포함하여 소비자에게 맛의 교육을 진행시켜 나갈 것을 슬로건으로 내세운 것이다.

5 chapter

파티라고 하는 것은 같은 목적을 근본으로 모인 집단을 의미한다. 축하하고 즐기는 등 사교적 집합으로 친구나 지인 등으로 구성된 결혼피로연, 연중 기념행사 등 비즈니스 파티까지의 모임을 말한다. 멋진 사람과의 데이트, 친구나 지인과의 새로운 만남을 만들어 주는 것도 파티이다. 동시에 음식을 게재하고 사람과의 만남, 정보수집, 자기를 높이기 위함에도 파티는 적절하다. 파티는 형식으로는 formal party부터 home party까지, 목적별로는 business party나 wedding party 등 다양하다. 현대는 구미의 영향을 받아 파티지향이 강해지고 결혼피로연 등도 테마를 가진 커뮤니케이션 형태의 웨딩파티로 변화해 오고 있다. 또 기업 등에서는 판매촉진을 위한 이벤트 파티가 행해지고 있다. 멀티미디어 시대를 맞이하여 만난적이 없는 타인과의 교류가 지구적인 규모로 넓어져 신시대의 도래를 예고하고 있다. 한편으로는 사람과 사람이 얼굴을 맞대고 회화를 통해 교류를 깊게 하는 커뮤니케이션의 중요성 또한 커지고 있다. 사람과 사람이 모여 감동을 공유하는 파티는 21세기에의 제언이라고도 할 수 있지 않을까 싶다.

1. 파티의 시작

1. 한국연회의 시초

파티의 단순한 사전적인 의미를 따지면 '친목을 도모하거나 무엇을 기념하기 위한 잔치나 사교적인 모임'이라 정의할 수 있다. 그 역사를 되짚어 올라가보면 성경상에서 파티의 의미를 찾아볼 수 있겠다.

우리나라에 파티란 개념이 유입된 것은 개화기 서양문화가 도입되면서부터였다. 현대에 와서 휴가는 신성한 것이든 또는 세속적인 것이든 휴식이나 재충전, 또는 단순히 매일의 작업에서 벗어난 기간을 뜻하게 되었다.

80~90년대 초에만 해도 파티 문화란 말은 여전히 생소한 언어였다. 그러나 90년대 후반기를 넘어서면서 파티는 단지 사치스러운 특수한 사람들만의 전유물에서 좀더 보편적인 의미로 변해감을 볼 수 있었다. 광범위한 범주로 볼 때 파티는 몇 사람이 모인 집이나 음식점 등 소규모의 이벤트를 파티라고 할 수 있게 되었으며, 특별한 날 가까운 친지ㆍ친구들을 불러 기념일을 축하하는 부분까지 그 의미는 확장되었다. 현재는 이벤트사업이 확산되면서 더욱 많은 파티가 이루어지고 있다. 풍선 아티스트들이 전국적으로 증가하여 가정이나 외부에서 이벤트나 파티를 대행해 주는 것이 일반화 되었다.

파티는 평범함 속에서 특별한 이벤트를 마련해 주는 것이다. 이런 의미에서 파티는 이제 일상생활의 청량제로서 중요한 위치를 차지하게 되었다. 파티는 특별하지만 그 준비는 간단하고 현실성 있는 것에서부터 시작돼야 한다.

즐거운 파티를 위해 꼼꼼하게 사전준비를 하지 않으면 적지 않은 비용을 지출했음에도 힘만 들고 어수선한 파티로 끝나는 경우가 종종 있다. 파티에 먹거리, 즐길거리, 볼거리 등의 요소를 적절히 잘 조화시킨다면 일반인들도 더욱 친숙하게 파티 문화를 향유할 수 있을 것이다.

1) 파티와 축제 문화

우리나라 파티는 곧 축제 문화에서 자연적으로 파생된 연회 활동이었다. 축제는 예술적 요소가 포함된 제의에서 출발했으나 유희성을 강하게 지니게 되어 오늘날에는 종교적인 신성성이 거의 퇴색되었음을 볼 수 있다. 우리나라 축제의 오랜 형태인 제천의례(祭天儀禮)는 하늘에 제사를 지낸 후 많은 사람들이 모여 음주가무하며 즐기는 것이 관례였다. 단순히 술 마시고 노래하는 것이 아니라 반드시 하늘에 제사를 지냈다는 것이 바로 축제가 신성한 종교 행사였음을 말해준다. 그러나 오늘날의 축제는 종교성을 상실한 채 유희적이고 놀이적인 모습이 강조되고 있다.

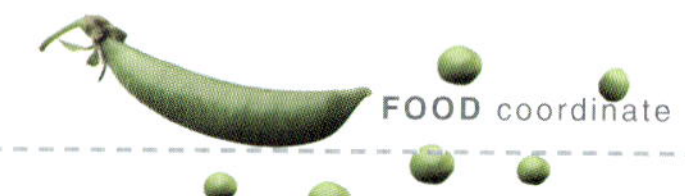

2) 한국 축제의 역사

고려시대 성행했던 팔관회 · 연등회 · 나례(儺禮) 같은 축제가 있다. 이러한 축제는 나라의 안녕을 꾀하고 재앙을 물리치자고 해마다 일정한 시기에 거행했는데, 그 성격은 나라 굿놀이의 성향이 강했다. 마을에는 마을 굿놀이가 있었듯이 나라에는 나라 굿놀이가 있었던 것이다. 굿에는 으레 노래 부르고 춤추고 하는 놀이가 따르게 마련인데, 이런 행사에서의 놀이는 가무백희(歌舞百戲)로 통칭되었다.

하회탈춤은 농사가 잘 되게 하자고 마을 사람들이 정기적으로 거행하는 마을굿에서 유래됐다. 원래는 마을 수호신이 하강했다는 것을 나타내기 위해서 탈을 쓰고 춤을 추었는데, 그런 관습이 미처 청산되지 않은 채 탈이 양반을 풍자하고 하층민의 생활을 문제 삼는 데도 함께 쓰여, 굿에서 연극의 형태로 바뀌어 갔다.

3) 한국 축제의 시원 '제천의례'

축제의 발생시기를 추적한다는 것은 사실상 불가능하나, 다만 노래와 춤을 비롯하여 예술이 망라되어 있는 것이 축제라면 민속예술의 시원이라고 볼 수 있는 제천의례가 우리 축제의 시원이 될 수 있다. 고대 부족국가 중에 부여의 정월 영고, 고구려의 10월 동맹, 예의 무천과 마한의 농공시필기인 5월과 10월의 제천의례는 모두 종합예술의 성격을 띤 한국적 축제였다. 이들 제천의례라는 축제는 흐드러진 놀이판이자 신성한 종교의 장(場)으로 이때에는 천신에게 제사지내고 음주가무로 놀이판을 벌이며 신과의 만남을 통해 그들의 소망을 빌었다. 제천의례는 우리 축제의 문헌상의 시원일 뿐 아니라 우리 축제를 대표하는 축제라고 할 수 있다. 고대인은 축제를 통해 액운을 없애고 복을 불러 풍요와 건강을 유지하였다.

'축제를 왜 하는가'에 대한 궁극적인 해답은 인간의 생존욕구를 해소하기 위한 것이라고 할 수 있다. '축제가 없는 민족은 살아서도 산 목숨이 아니고 죽어서도 고이 잠들 수 없다'는 말처럼 축제는 그 민족의 삶을 대변하기 때문일 것이다.

2. 일본에서의 파티

　일본에서의 연회는 제사와의 연결이 강하여, 오곡 풍양을 빌고 신과 함께 즐거워하는 행사로서의 연회가 계속 이어지게 된다. 또한 예술공연 등 새로운 사람과 만나 즐거워하며 공유하는 것 역시 일본 연회의 형식이다. 일본에서의 파티는 메이지시대를 무대로 한 상류계급에서의 파티였다. 사교를 위한 파티는 쇼와 40년대가 되어(1960~70)호텔에서 행해졌던 결혼피로연이나 기업파 및 상류계급사람들의 파티 등으로 점점 늘어갔다.

3. 유럽에서의 파티

　유럽에서도 그리스, 로마, 중세에서는 왕후귀족들의 연회가 행해졌으며, 17세기 후반부터 파리에서는 여성이 주재하는 모임(salon)이 열려 18세기 후반 즈음에는 가면 무도회나 디너파티 등이 성행하게 되었다. 영어로 파티라고 하는 구미의 파티는 18세기 초반부터 사용되기 시작한 영어로서 음식 중심부터 회화 중심까지 개인적인 관계를 더욱 친밀하게 하기 위한 커뮤니케이션의 수단이었다.

■ 그림 5-1 ■ 뷔페파티 상차림

2. 파티의 분류 및 특징

1) 파티의 분류

(1) 시간별(한국시간을 기준으로 한다)

◐ 표 5-1 ◑ 파티의 시간별 분류

형식	특징과 목적	시간대
breakfast meeting 조찬회	바쁜 비즈니스맨들을 위한 조식을 겸한 회의	7:00~10:00
luncheon 런천파티	정식오찬회 알코올은 거의 적다.	11:00~15:00
tea party 홍차나 커피가 중심	여성들간의 모임, 자선파티	11:00~
afternoon tea	홍차를 메인으로 천천히 대화할 수 있도록 한다. 엘레강스한 분위기를 유도하도록 한다.	14:00~16:00
cocktail party	식전주와 가벼운 안주가 중심이 된다. 돌아가는 시간을 정확히 명시해서 돌아가도록 해 준다.	17:00~20:00
cocktail buffet	칵테일파티와 스탠딩디너	17:00~20:00
formal dinner party	standing 스타일의 풀코스 정식 테이블 매너가 요구된다.	20:00~23:00
banquet	스피치가 있는 경우의 연회	20:00~23:00
reception	고위간부나 저명인사를 초대 receping line 등을 만든다.	17:00~
evening reception	마지막 댄스로 끝내는 파티	종료는 심야

(2) 목적별

① 공식(formal)

- 조찬회, 석찬회, 회식회, 만찬회, 무도회, 음악회 : full course를 제공
- 주최자의 요청에 따라 메뉴, 좌석배치 등을 한다(점심, 저녁식사).

② 비공식(informal)

- 티파티(tea party)
- 칵테일파티(cocktail party) : 알코올 음료에 오드블이 제공되는 입석연회
- 결혼기념파티(bride shower party)
- 댄스파티(dance party)
- 생일파티(birthday party)
- 발렌타인파티(valentine party)
- 아기탄생파티(baby shower party)
- 이별파티(farewell party)

2) 파티의 종류별 특징

(1) formal party

포멀파티는 정식적인 파티라는 의미를 가지고 있다. 가까운 예로는 결혼식을 들 수 있으며 구미 등지에서는 가정에서도 포멀스타일의 파티를 열기도 한다. 포멀파티에는 되도록이면 커플로 참석하는 것이 좋고, 부부가 초대받았는데 부득이한 사정으로 혼자만 참석할 경우는 가까운 친지 중에서 같이 갈 수 있도록 하는 것이 좋다. 파티는 같은 목적의 식을 가진 사람들이 모이는 것이다. 포멀파티에서는 반드시 초대장을 만들어 주최자와 파티 스타일 등에 관해 기록해야 한다. 예를 들면, 런천파티, 칵테일파티, 디너파티, 이브닝파티, 리셉션인지 또는 일시와 장소 등에 관하여 기록해야 한다. 또한 의상을 지정해 주어야 하며, 대부분 평상복을 입는 경우는 적다. 여성의 포멀 드레스는 남성의 에스코트에 의해서 정해진다. 남성은 검은색이나 흰색으로 거의 통일되어 있고 여성은 어떤 색이든 자신이 아름답게 보일 수 있는 색과 디자인을 선택하는 것이 좋다. 그러나 사교파티인 칵테일파티에서는 남성의 의상을 기준으로 하여 여성의 의상을 결정하는 경우가 많다. 포멀파티는 자신의 인격을 표현하는 수단이 되므로 최대한 매너에 맞는 파티예절을 인지하고 있어야 한다.

(2) 비즈니스파티(business party)

비즈니스파티는 사교파티와 다르게 직장에서 입은 의상 그대로 파티에 참석하는 경우가 많고, 파티의 전개도 대부분 일의 연장이기 때문에 남성이나 여성들은 수수한 차림을 하는 경우가 많다. 그러나 파티의 종류나 시간대에 따라서 적절한 복장을 입는 것 또한 파티의 매너일 것이다. 직장에서 바로 파티장으로 가는 경우가 많으므로 여성의 경우에는 스카프나 액세서리 등을 이용해주며 향수는 너무 많이 뿌리지 않도록 주의한다. 남성의 경우는 색깔있는 와이셔츠나 point가 되는 tie를 매는 등 파티의 분위기를 더해준다면 좋을 것이다.

(3) 홈파티(home party)

홈파티는 사람들이 모여서 재미있게 대화하며 인간관계의 폭을 넓혀가는 데 목적이 있다. 홈파티는 포멀파티에서 캐주얼파티까지 다양한 형식으로 보여줄 수 있으며 구미에서는 파티라고 하면 일반적으로 홈파티를 지칭한다. 홈파티는 개인과 개인, 개인과 사회를 연결하는 중요한 역할을 한다고 볼 수 있다. 그러나 이러한 홈파티를 개최하는 데도 중요한 규칙이 있다.

첫째로 홈파티는 반드시 목적의식이 있어야 한다는 것이다. 오늘의 파티는 무엇 때문에 개최하는 지에 대한 목적에 대한 어필이 중요하다. 둘째는 감성이 느껴지며 개성을 발산할 수 있어야 한다는 것이다. 그리고 셋째로 홈파티에서는 당연히 접대매너, 요리, 인테리어 등이 그날의 테마와 어울릴 수 있도록 해야 한다는 것이다. 홈파티는 멋진 레스토랑에서 꾸미는 파티와는 달리 가장 중요한 행복한 가정의 분위기, 익숙한 서비스 정신을 느낄 수 있도록 하는 것이 중요하기 때문이다.

(4) 티파티(tea party)

차라는 것은 주스나 콜라와는 다르다. 차는 해갈이나 시원함이라고 하는 생리적인 효능만을 주는 것이 아니라 한잔의 차를 통한 생활의 여유와 즐거움을 향유하며 생활 속의 미를 추구하는 것이다. 따라서 동양의 다도와 서양의 홍차 문화는 공간이라는 점에 중요한 특징을 갖고 있다.

티파티에 관한 내용은 티 인스트럭터 부분에서 자세히 설명하도록 한다.

(5) 웨딩파티(Wedding Ceremony)

결혼식에서 피로연까지 어떤 꾸밈과 소품으로 연출할 것인가를 생각하면서 디자인하는 것으로, Wedding 문화의 시초는 미국이며 이는 약혼문화가 발달하였기 때문이라고 한다.

JUN Bride(결혼의 의미)는 쥬노의 그리스여신이 JUN이 되어 6월의 신부를 보호해준다는 전설로 6월의 신부가 행복하다는 의미이다.

우리나라에서는 1853년에 서양식 Wedding이 시작되었고, 연세대 아펜셀러 목사님의 목사관에서 시작됐다. 과부와 홀아비의 결혼식으로 성행되면서 이후 점차적으로 시작되어져 갔다.

(6) 생일파티(birthday party)

〈서양의 생일파티〉

- 세례식 : 태어난지 일주일 전후에 하는 행사로 하느님의 아이로 인정하는 유아 세례식을 말한다.
- First Birthday : 가장 중요시하는 행사로 이유식 은수저나 은 냅킨리를 선물로 보낸다.
- First Communion : 8, 9세의 첫 성찬식이며 정장차림으로 성찬식에 참석해야 한다. 하나님과 식사를 한다는 의미로(떡과 포도주를 가지고) 의지대로 지각을 갖고 하나님을 섬기겠다는 의미가 있다.
- White birthday
  - Thirteen Birthday : 사춘기의 시작인 몸에 형태의 변화가 생기는 시기로, 중요한 의미를 부여하여 오시는 손님, 주인공 모두 흰색 드레스로 통일하고 테이블도 흰색으로 맞추어서 당사자에게 축하해주면서 느끼게 하는 행사이다. 자라는 과정을 잘 지켜봐달라는 의미로 아주머니, 할머니 등 주위 분들을 모시고 Afernoon Party를 갖는다.

- Sweet Sixteen Birthday : 13살 때와 같은 분위기로 흰색 드레스나 흰색 테이블을 준비한다. 부모가 최초로 가벼운 보석(작은 진주 등)을 선물하는 시기로 여성이 됨을 지각하게 한다.

● Debutant : 프랑스, 이탈리아 등 유럽에서 17~20살에 사교계에 데뷔하는 귀족들의 행사로서, 이것은 하나의 성인식으로 세계적인 이벤트이고, 과거에는 정략 결혼을 위한 행사 중 하나이기도 했다.

유럽과 동일하게 일본, 미국에서도 참석이 가능하지만 부족한 역사로 인해 비즈니스로 이 행사에 참여하고 유지된다.

"오스트리아 빈"의 오페라극장에서 하나의 이벤트로 행해지며, 드레스, 테이블 등에 대한 부대비용이 없는 귀족의 자리를 미국이나 일본인에게 테이블에 대한 값을 치르게 하고 팔기도 한다. 귀족들은 '티아라'라는 집안 대대로 내려오는 보석으로 드레스와 더불어 치장을 하는 것이 전통이다.

3. 서양의 기념일

◑ 표 5-2 ◑ 서양의 기념일

연중행사 및 기념일	월 일	상징 색	대표적인 음식	비 고
세인트 발렌타인데이	2월 14일	붉은색, 흰색, 분홍색	초콜릿, 붉은 와인	원래는 순교한 로마의 성직자 발렌티누스를 기념한 크리스트교의 축일
세인트 패트릭데이	3월 17일	녹색	아일랜드 시츄, 그린빌	아일랜드의 수호성인 패트릭의 축일. 삼위일체를 주장했기 때문에 이 날의 상징은 클로버가 되었다.
부활제(이스터)	춘분 다음의 첫 보름달의 다음 월요일	노란색, 보라색, 녹색	부활제의 빵, 토끼 모형, 계란 모형의 초콜릿	크리스트의 부활을 축하하는 날. 상징은 새로운 생명과 풍부한 번식력을 상징하는 계란과 토끼. 계절의 재생을 축복하는 "봄의 축제"이다.
어머니의 날	5월 두 번째 일요일			어머니의 날은 안나라는 한 여성의 어머니를 향한 마음에서 시작되어, 지금은 어머니에게 감사하는 날로 전세계에 확대되었다.
아버지의 날	6월 세 번째 일요일			1910년 워싱턴 주의 스포켄에서 아버지에게 감사하는 날로 정해져, 그 후 미국 전체에 확대되어 지금에 이르렀다.
할로윈	10월 31일	오렌지, 검은색	호박 파이	고대 켈트의 축제가 기원이며, 죽은 사람이나 악마가 깨어 나온다고 믿었다. 후에는 크리스트교의 만성절의 전야제로 행하여졌다.
감사제 (땡스 기빙 데이)	11월 네번째 목요일	오렌지, 황토색, 녹색	터키, 호박파이, 가을에 수확한 곡물이나 과일	메이플라워호로 아메리카로 이주하여, 험한 환경 속에서 아메리칸 인디언에게 배워가며 1년 후 무사히 살아남은 기쁨과 최초의 수확을 감사하며 연 수확제.
크리스마스	12월 25일	붉은색, 흰색, 녹색, 금색	로스트 터키, 크리스마스 푸딩	크리스트의 탄생을 축복하는 축제. 유럽 각지에 있었던 태양신앙, 수확제, 동지제 등에 담겨져 있던 기원과 연결되어 지금의 크리스마스가 되었다.

4. 뷔페 (buffet)

1) 뷔페의 개념

뷔페란 프랑스어로 '식기선반' 이라는 의미이다. 14~16세기 경 왕후나 귀족들은 그들의 부와 권력을 과시하기 위해 향연이라는 호화로운 만찬회를 계속해서 열었다. 향연이 열리는 아주 넓은 방에는 대부분의 가구에 베르사유궁전 등에서 볼 수 있는 식기를 진열하여 장식해 두는 '뷔페' 라는 선반이 있었는데 그곳에는 보석이 여기저기 박힌 오브제라고 하는 식기가 장식되어 있었다.

일반 가정은 호화스러운 향연과는 관계가 없었지만 파티의 공간이 작을 때에는 뷔페에 요리나 식기를 진열해 식사를 했는데 셀프로 이루어지는 식사형식을 뷔페라고 부르게 되었다.

뷔페는 참석 인원수에 맞게 뷔페 테이블을 준비하고 각종 요리를 쟁반이나 은반에 담아놓고 서비스 스푼이나 포크, 또는 집게를 준비하여 적당량을 덜어서 식사하도록 해야 한다. 좌석 순위나 격식이 크게 필요없는 것이 장점이다.

2) 뷔페의 시작

역사적으로는 16~18세기의 귀족사회에 있던 '안비규' 라는 후르츠나 디저트까지를 전부 갖춘 경식(輕食) 및 '코라시온' 이라는 단 음식이 중심인 경식이 뷔페 스타일의 시초다.

3) 뷔페 스타일

뷔페 스타일이란 메인 테이블 위에 요리, 식기, 커트러리 등을 나열해 각자가 자유롭게 덜어가는 형식의 스타일을 말한다. 기본적으로는 식사가 서비스되어 오는 것이 아니고 서거나 앉아서 먹는 것으로, 자기 스스로 요리나 마실 것을 가져다 먹는 스타일이다.

가정에서도 사람 수가 많을 때나 가벼운 파티를 열 때 이 뷔페 스타일이 사용된다.

미국 가정에 초대되었을 때 특히 이 스타일이 많다. 메인 테이블은 식사와 디저트 2회로 나뉘어서 서비스되는 경우가 많다. 각자 요리를 덜어와서 의자나 바닥에 앉거나 테라스에 나가서 먹는 등 여러 스타일로 즐긴다.

(1) 테이블 스타일

① 스탠딩 뷔페(standing buffet)

요리용 테이블에서 각자가 요리를 집어, 서서 먹는 형식이다. 식사용 테이블 위에는 작은 센터피스, 종이 냅킨 등을 놓는다. 요리용 테이블의 모양은 다양하지만, '그'자 모양이나 장방형이 일반적이다. 접시나 커트러리, 냅킨 종류는 사람 수의 1.5배 이상 준비하고, 테이블 클로스는 마룻바닥에서 3~5cm까지 늘어트린다. 요리는 사전에 잘라져 있기 때문에 나이프는 배치하지 않아도 된다.

- 벽면 타입 : 요리용 테이블(타원형, 정방형, 장방형)을 벽면에 기대어 배치하고, 센터피스를 벽 측에, 손 앞에는 요리나 커트러리, 덜어먹는 접시 등을 세트한다.
- 올 라운드 타입 : 요리용 테이블을 방의 중앙에 배치하고, 센터피스는 테이블의 중앙에 놓으며 그 주변에는 요리나 커트러리, 덜어먹는 접시 등을 세팅한다.
- 믹스 타입 : 벽면 타입과 올 라운드 타입을 섞은 스타일로 각종 요리코스(디저트, 음료, 초밥, 면류, 스테이크 등)를 배치해도 좋지만, 인건비 · 설치비가 늘어난다.

② 시팅 뷔페(sitting buffet)

요리 테이블에서 각자가 요리를 덜어, 각자의 자리에 앉아서 먹는다. 호텔의 아침, 점심, 저녁 식사에 사용되어진다. 식사용 테이블에 처음부터 커트러리나 접시 등을 세팅하는 경우와 모두 셀프서비스로 이루어지는 경우가 있다.

③ 온 테이블 뷔페(own table buffet)

앉은 채로 테이블 위에 요리를 각자 덜어서 먹는다. 중국요리의 원탁이 이 스타일이며, 점심 및 저녁식사에 자주 이용되는 타입이다. 처음부터 작은 센터피스, 커트러리나 접시, 냅킨 등을 세팅하고 필요에 따라 조미료 등도 놓는다.

(2) 서비스 스타일

- single service : 테이블 위의 요리가 코스 순으로 한 방향에 진열되어 있다(대개 가정에서 이루어지는 서비스).
- duplicate service : 테이블 위의 요리가 두 방향에 진열되어 있다(대개 호텔이나 레스토랑에서의 서비스).
- own table service : 각자 음식을 더는 접시나 나이프, 포크, 컵이 세팅되어 있고 중앙에서는 요리가 수시로 서비스 되어진다.

4) 뷔페 테이블

■ 그림 5-2 ■ **연말 뷔페파티 상차림**

(1) 뷔페 스타일의 코디네이트 포인트

• 동선의 중요성 : main-table의 위치와 bar-corner의 위치 선정이 우선이다. 왼쪽에서 오른쪽으로 돌아가면서 음식 고르기 등 미리 동선을 고려해 모든 메뉴 및 테이블의 위치 등을 설정해야 한다.

• 테이블만 꾸미려는 것보다 집안 전체적인 연출이 더 중요하다. 즉 현관에서 들어오는 입구나 콘솔, 디저트상 등 거실의 전체적 이미지 연출이 더 중요하다.

(2) 요리식기의 배치

• 교자상인 경우 : 찻상을 미리 옆에 준비해 두거나 집안의 소품을 이용해도 좋고 테이블 외에 디저트나 찻상까지 연출하는 것도 필요하다.

• 입체감, 높낮이, 컬러의 연출이 가장 중요하다.

호텔에서는 딱딱한 상자를 이용해 테이블의 높낮이를 연출한다(테이블 클로스로 덮어씌워서).

서양에서는 식기 외에 글라스, 양초, 센터피스로 연출이 가능하고, 그밖에 caketier(삼단스탠드 – 케이크 받침), 와인쿨러, 컴포트 등으로 장식한다.

높낮이나 입체감을 표현하므로 꽃장식을 화려하게 할 필요는 없다.

• 식기가 아닌 다른 것을 식기로 대용해도 좋다.

(3) 식기의 수 : 사람 수의 2~3배 정도로 충분히 준비하는 것이 좋다.

(4) 요리의 양 : 적당한 양으로 간소하게 준비하고 제일 잘하는 요리로 2~3가지 준비하는 것이 좋다.

(5) Eye catch

손님이 오셨을 때 편안함을 느낄 수 있게 연출하기 위한 센스있는 eye catch가 될만한 장식이 필요한데, 콘솔, 현관 신발장 위, 부엌 등에 장식으로 eye catch를 만든다. 한식에는 한지를 이용한다.

• 입구 장식 : 손님 초대 시 입구에서부터 표식하기 위한 장식

• welcome flower : 가구나 고정적인 것보다는 꽃이나 소품으로 장식

(6) 조명, 음향의 연출

조명과 음향의 연출은 모임에 참석한 사람들을 즐겁게 하기 위해 기대에 부응할 수 있게 세심하게 준비하는 것이 좋다.

- 조명의 연출 : 집안의 빛과 그림자로 연출(lighting의 중요성)
- B.G.M의 연출 : 연령, 구성원, 테마에 따라 다르게 연출 가능하다. 최근 소리공간의 연출이 유행하면서 '환경음악' 이라 하여 자연소리에 가까운 음악으로 자연을 느끼게 하는 음향 연출이 많아지고 있다.

(7) 파티의 목적과 테마

파티는 테마, 모이는 구성원, 목적에 따라서 컨셉이 결정되는데, 테마에 맞춰 세팅을 하는 것이 중요하다.

- 확실한 테마 결정에 따른 연출
- 멤버의 구성 : 대화의 내용은 구성원에 따라 달라진다. 파티에 가기 전에는 미리 언행을 준비해 가는 것이 좋다. 최근에는 라이프스타일의 변화에 따른 갑작스런 모임 등 파티가 다양화 되어가고 있는 추세다. 예를 들면, 동호회 파티가 성행하는 것을 말할 수 있겠다.

(8) 파티의 진행

기억에 남는 파티를 위해 이벤트적 퍼포먼스나 선물 증정 등의 연출이 필요하다. 파티의 종결을 알리기 위해 조명이 밝아지거나 음악의 볼륨이 높아지면 선물을 증정하는 등의 연출이 필요하다. 예를 들면, 센터피스를 나누어 가져가기도 한다.

(9) 기 타

- 좌석배치의 중요성

파티의 성공 요인 중 하나이며 이를 위해 네임카드가 필요하다.

남녀 교대로 앉혀야 하며 공직자, 비즈니스맨 순으로 상석을 지정하되 외국인을 초청했을 경우에는 외국인을 제일 상석으로 배치한다.

- 이야깃거리를 풍부하게 준비하는 것도 하나의 성공비결이다.

• 파티의 컨셉에 맞는 공간연출의 필요성

(10) 현재의 뷔페 스타일

많은 사람들의 초대, No-Service, Course요리 중에서의 선택 등으로 이루어지고 있다.

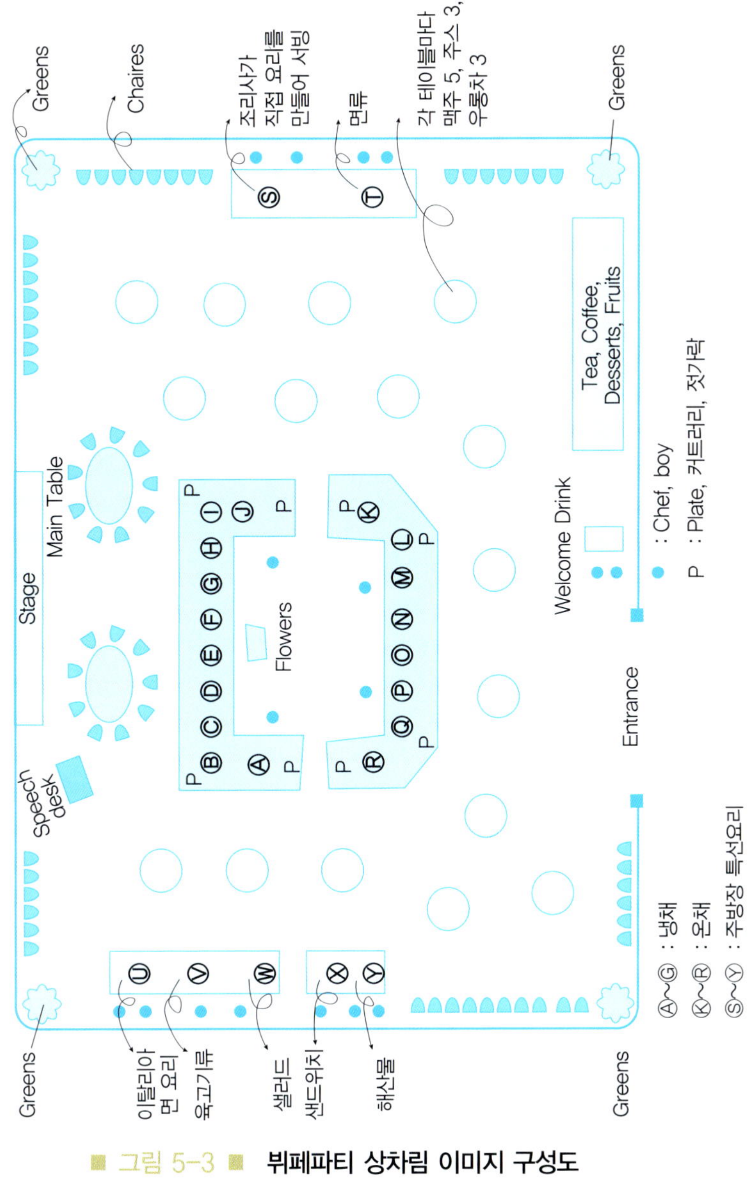

■ 그림 5-3 ■ **뷔페파티 상차림 이미지 구성도**

5. 파티의 기본과 구성

1. 파티의 기본

1) who(주최자와 손님)

파티를 성공적으로 마칠 수 있는 깃은 참식할 사람과 손님들의 배석에 있다고들 한다. 예를 들어, 주빈보다 지위가 높은 사람들이 훨씬 더 많이 초대되었다면 주빈의 위치가 적어질 수 있으며, 외국손님들을 많이 초대할 경우는 통역에 대한 문제점도 감안해야 된다. 파티에 참석할 손님을 선별하는 일은 파티의 기획에서 아주 중요한 일이다.

2) what(테마)

주최자는 테마에 맞는 파티 프로그램을 만들 때 커뮤니케이션의 전개방법에 주의하도록 한다. 테마에 맞는 스토리를 전개할 때는 의견의 분쟁이 생기지 않도록 yes · but방식, give a compliment라는 두 가지 화술법을 기억한다. 파티에서는 전문분야에 대한 이야기를 피하며 사회적인 관심거리(social talking) 등에 대한 이야기를 부드럽게 전개해 나갈 수 있도록 유도하는 것이 중요하다.

3) where(장소)

파티의 장소는 계절감에 구애받지 않는 곳인지, 실내온도는 적당한지, 식공간 연출이 최대한 돋보일 수 있는 곳인지 그리고 파티를 개최한 목적을 최대한 알릴 수 있는 공간인지에 대한 조사가 필요하겠다.

4) when(시간)

프로토콜 형식의 초대장에는 목적이나 파티의 취지를 바로 알 수 있도록 순서대로 쓰는 경우가 많다. 시간대에 맞는 요리와 음료, 복장, 식공간 연출, 음악선정 등에 주의해야 한다.

5) why(목적)

파티를 통해 얻고자 하는 것이 무엇인가에 대한 목적의식을 갖고 이에 따른 결과를 예측하여 파티를 기획하고 실행할 수 있어야 한다.

6) how(스타일)

먼저 착석 스타일이 스탠딩(standing)인지 시팅(sitting)인지를 결정하게 되면 거기에 맞는 테이블 플랜을 작성한다. 테이블 계획은 기본적으로 고관을 초대할 경우는 정면 스타일, 프랑스식, 영미식 중에서 선택하도록 하고, 비즈니스파티나 사교파티일 경우는 기업과 기업으로 나누거나 성별과 연령 등으로 나누는 경우가 있다.

여기에서는 파티의 테마와 연결된 이미지 스타일이 결정된다.

2. 파티의 구성

① 조명 : mood를 높여 dramatic한 환상의 세계를 만들어 내도록 한다.
② 색채 : 파티의 테마를 강조하여 분위기를 연출하도록 한다.
③ 재질감 : 다양한 재료의 성질, 파티의 스타일이나 이미지를 강조하는 요소가 된다.
④ 음향 : 효과음과 B.G.M(back ground music)
⑤ 전개 : 한 곳에서 여러 곳으로 이동하는 것으로 새로운 전개가 탄생된다.
⑥ 구성 : 공간에서의 element와의 균형을 맞추도록 한다.

3. 파티의 계획표

■ 그림 5-4 ■ **뷔페파티 상차림 준비 과정**

파티는 어떠한 파티라 하더라도 명확한 테마 설정과 완벽한 준비가 필요하다. 파티에서 무엇을 얻고 싶은지, 목적은 하나가 아닌 여러 가지로 완수하는 것이 가능하다. 거기에 동일한 컨셉을 확인해 가는 것이 중요하다. Hospitality, 즉 환대하는 마음을 갖고, imagination, 상상력이나 originality, 독창성을 살려서 따뜻함, 놀라움, 즐거움을 포함시켜 테마가 있는 연출, 조명, 음악, 화등에 독창성을 나타내어, 손님이 입구에 들어선 순간 기대감에 넘치는 파티공간을 만들어 내는 것이다. 키워드는 커뮤니케이션과 감동, 즐거움으로 이것은 파티의 본질이다.

구체적으로는 기업 등이 주최하는 파티, 웨딩, 이벤트 등이 있다. 또한 컨셉·메이킹이나 그것에 따르는 코디네이트도 플래닝 업무의 일환으로 생각할 수 있을 것이다.

기본적인 업무의 흐름으로는 ① 의뢰·문의, ② 클라이언트 등으로부터의 히어링·정보수집, ③ 구체적인 플랜의 기획입안, ④ 프레젠테이션·제안, ⑤ 실제 상황 연결이 된다.

최근 파티의 경향으로는, 종래 음식 중심의 이른바 「연회식」파티와는 다른 새로운 흐름으로서 컨셉이나 테마성이 느껴지는 파티가 행해지고 있다. 따라서 플래닝을 할 때에는 그 변화를 놓치지 않고, 기억에 남는 파티를 연출할 수 있을지, 오감에 울리는 파티를 연출할 수 있을지를 고려하게 된다. 파티는 손님의 만족도가 무엇보다 요구되는 일이다.

6. 파티 기획서 작성

1) 파티의 기획

파티를 주최할 때의 구성은 다음 6가지 항목이다.

(1) 목 적

무엇을 목적으로 이루어지는가, 누구를 위해 행하는가 등의 테마를 설정한다.

(2) 장 소

목적에 어울리는 장소를 선택한다. 환경이나 분위기, 예산, 참가하는 사람의 연령·성별·인수·교통편 등에 의해 제약이 생겨난다.

(3) 일 시

손님이 참석하기 쉬운 일시를 정한다. 예산이나 모임의 스타일이 정해지면 시간대도 결정하기 쉽다. 개최와 함께 종료시간도 정하여 주면 호스트, 게스트 모두 스케줄 조정이 용이하다.

(4) 양 식

파티의 스타일을 결정한다. 양식은 시간, 인수, 예산 등으로 결정한다

(5) 게스트의 구성

메인 게스트가 있는 모임은 그 사람을 중심으로 구성한다. 게스트끼리 서로 기분 좋게 지낼 수 있는 멤버로 구성한다.

(6) 참가인 수

파티의 규모에 의해 결정된다. 장소나 공간의 크기, 예산, 테이블의 크기, 식 도구 등에 제약이 있는 경우는 모임에 있어 빠져서는 안 되는 사람 순서대로 결정해 간다.

(7) 예 산

예산을 결정한다. 예산 내에서 최대의 효과를 올리기 위한 메뉴나 테이블 세팅을 고안하여 설정하는 것이 그 파티의 즐거움과 연결된다.

◑ 표 5-3 ◐ **파티계획표**

title(표제)	cooking(요리)
concept(개념)	drink(음료수)
host(주최자)	flower(꽃)
purpose(목적)	fragrance(향기)
guest(초대객)	lighting(조명)
date(일시)	music(음악)
place(장소)	visual accent(시각적 강조)
party style(파티형식)	attraction(불러일으키는 것)
fashion(복장)	memorial present(기념품)

■■ **식공간을 테마로 한 이벤트 · 플래닝**

◇가을의 정취를 이곳에서....
회　　장 : ○○백화점 이벤트 홀
실시기간 : 2002년 10월 31일~11월 4일
기　　획 : ○○백화점 · 김수인 테이블 크리에이션
내　　용 : 김수인이 제안하는 5색으로 라이프스타일 제안이 있는 공간연출

■■ 파티플래닝의 진행

<table>
<tr><td align="center">플래닝의 흐름 (파티 · 플래닝의 경우)</td></tr>
</table>

↓

<table>
<tr><td align="center">1. 클라이언트로부터의 의뢰, 문의</td></tr>
</table>

↓

<table>
<tr><td>2. 클라이언트와의 미팅
6W1H가 기본으로 클라이언트의 의향, 파티의 목적이나 예산 등의 제약조건 실시기한,
타임 스케줄 등</td></tr>
</table>

↓

<table>
<tr><td>3. 구체적인 대책의 검토
① 내용정리를 토대로 한 정부수집
② 테마, 컨셉의 검토, 설정
③ 구체적인 내용의 검토
　· 회장의 공간 구성, 연출플랜
　· 이미지 구성, 테마의 구현화
　· 메뉴의 내용, 용기와의 코디네이트
　· 컬러 · 코디네이트
　· 예산과의 적합성</td></tr>
</table>

↓

<table>
<tr><td align="center">4. 기획서, 제안서의 작성
(작성상의 포인트)
· 구체적인 이미지 전달을 위한 비주얼 화
(라프 · 스케치, 사진 등)
· 플랜의 근거 · 증거 등</td></tr>
</table>

↓

<table>
<tr><td align="center">5. 프리젠테이션</td></tr>
</table>

↓

<table>
<tr><td align="center">6. 실시
time-sckedule check
사용 자재의 준비 및 채비
centerpiece나 figurement 스탭관리 등</td></tr>
</table>

2) 호스테스 매너 체크표

성공적인 홈파티는 자신의 해줄 수 있는 범위 안에서 진행하는 것이 가장 좋고, 어떻게 하면 게스트들이 만족할 것인가를 고려하여 체크리스트를 만들어가면서 진행하는 것이 좋다.

◑ 표 5-4 ◑ 호스테스 매너 체크표

前日	當日	後日
· 파티의 목적 · 게스트 리스트 · 출석인수 · 테이블 형(입석/착석) · 시간대 · 예산과 메뉴	· 테이블 세팅 · 시간 내에 준비가 되는지 체크 · 접대태도 · 소개방법 · 서비스방식(드링크/요리) · 대화의 리드 · 디저트코스 · 식후주 · 오픈시간과 송별시간	· housekeeping(식기과 글라스 및 은식기 보관)

① 초대하는 사람에게 3주 전에 초대장을 보내고 친한 사람일 경우에는 전화도 가능하다. 20인 이상일 경우에는 1개월 전에 도착할 수 있도록 한다.

② 꼭 친한 사람만 초대하는 것이 아니고 새로운 사람들을 넣어서 즐거운 시간을 보낼 수 있도록 게스트를 선정하는 것도 성공적인 파티를 이끌어 가는 포인트이다.

③ 게스트가 결정되면 사람들이 좋아하는 메뉴를 결정한다. 인수가 많으면 뷔페 스타일로, 인수가 적으면 풀 코스 스타일로 하며, 인수, 취향, 연령, 시간대 등을 고려하고 계절감을 생각하여 메뉴를 작성한다.

④ 어린이들이 착석한 경우에는 먼저 음식을 주고 같은 자리에 착석하지 않도록 배려한다.

⑤ 처음 보는 사람들은 서로 소개할 수 있도록 해주고, 식전주 건배시간을 갖도록 하며, 식사 중 대화는 한사람에게 치중하지 않도록 하되 종교와 정치 이야기는 피하도록 한다.

⑥ 식후 디저트코스에서 식후주나 커피를 셀프서비스 가능하게 하여 편안한 분위기의 홈파티를 느낄 수 있도록 해준다.

⑦ 게스트가 떠날 때는 현관까지 배웅하고 한 사람 한 사람과 악수한다. 또한 코트류나 잊어버린 물건이 없는지를 확인시키며 즐거움을 맘껏 표시한다.

3) 초대장의 작성

초대장이 도착한 순간부터 파티는 시작된다고 볼 수 있다. 격의 없는 casual한 파티 등 초대를 전화나 구두로 전하는 경우도 있지만 공식적인 파티일수록 초대장의 형식을 갖춰야 하며 본격적으로 초대장을 발송하는 날도 빨라지게 된다(통상 1개월 전에 보내도록 한다). 목적(테마, theme), 장소, 일시, 형식을 확실히 해주고(착석 또는 입식), 복장을 지정해주는 것도 좋다. 출결의 유무가 필요한 경우는 반드시 명기하도록 한다.

R.S.V.P(ropondez sil vous plait) : 프랑스어로 "회신을 기다리고 있겠습니다"의 의미

Regret only : 결석자의 경우에 한해 회신함

7. 파티의 서비스와 매너

1. 요리를 맛있게 먹기 위한 테이블 매너

테이블 매너가 완성된 것은 19세기 영국의 빅토리아 여왕 때라고 한다. 이 시대는 역사상 형식을 매우 중시하고 도덕성을 까다롭게 논하던 때였다. 그러나 테이블 매너의 기본정신은 형식에 있는 것이 아니라 서로 요리를 맛있게 먹기 위한 데 있다.

요리의 맛은 기본적으로 요리사의 솜씨나 재료에 따라 결정되는 것이지만 함께 식사하는 사람이 어떠냐에 따라서도 식사의 질이 달라질 수 있다. 즉, 요리를 맛있게 먹으려면 미각 외에도 시각, 후각, 청각, 촉각의 5감이 전부 만족되어야 한다. 순백의 테이블보, 부드러운 조명, 와인의 독특한 향과 향신료의 냄새, 스테이크에서 지글거리는 소리나 아름다운 음악소리, 빵의 촉감, 실내온도 등은 요리의 맛 이상으로 인간의 식욕을 자극하거나 만족시켜주는 요인인 것이다. 따라서 이러한 분위기를 깨뜨리는 복장이나 냄새가 강한 향수, 히스테리컬한 웃음소리, 은식기에서 나는 소리 등은 삼가도록 서로 신경을 써야 하며, 음식이나 식기를 서브하는 웨이터나 웨이트리스 역시 이러한 소음이 발생하지 않도록 특히 더 조심해야 할 것이다.

식탁을 아름답게 장식하는 것은 맛있는 요리를 만드는 것 만큼이나 중요하다. 분위기에 따라 한층 즐겁고 맛있는 식사를 즐길 수 있기 때문이다.

식탁장식은 중앙이나 한쪽에 하되 모든 사람이 앉아서 볼 수 있어야 한다. 너무 높이가 있거나 요란하기 보다는 잔잔하면서도 품위 있는 장식을 연구하며, 파티의 목적에 맞는 장식인지를 점검해야 한다.

생화를 꽃꽂이하거나 과일, 야채, 초와 촛대, 조각품 등을 이용하기도 하는데, 초를 쓸 경우 낮에는 장식으로만 쓰며, 오후 티파티, 저녁식사 및 축하파티 때는 촛불만 켜고 식사하는 것이 보통이다.

2. 식탁의 매너

　원만한 인간관계 형성에 있어서는 일정한 룰이 필요한데, 식의 룰은 어떻게 탄생했으며 어떻게 현재의 룰을 형성시켜 온 것일까?

　"식"은 인간이나 동물에게 공통적으로 존재와 관련된 행위이다. 원시시대는 식재료가 부족한 시기여서 먹을 것의 획득은 종족이나 단체에 있어 매우 중요한 작업이었다. 그리하여 권력가는 자신의 욕망대로 먹을 것을 섭취하는 것이 아닌, 집단을 구성하는 모든 사람들과 먹을 것을 공유하거나, 불평불만이 생기지 않는 분배의 법칙을 만들 필요성을 느끼게 된 것이다. 이렇게 살아가기 위한 음식 분배의 조정이 이윽고 습관화되어 룰의 형식을 띤 것이 식사매너의 기원이라 할 수 있다. 이 룰의 밑바닥에는 먹을 것은 부족의 수호신으로부터의 선물이기에 질서 있게 행동해야 한다는 종교관이 존재한다. 한편, 사람은 먹는 행동을 보다 세련되게 하여 동물과는 다른 인간다운 공식의 자세를 만들어 냈다. 먹을 것을 분배하여 삶의 권리를 서로 나누어 가진 원시시대에서부터 긴 세월을 지나면서 문화로서의 식탁 룰이 형성되어, 식의 국제화와 어메니티가 요구되어지는 현대에 이르러 한층 더 룰의 필요성이 인식되어지고 있다.

3. 서비스와 매너의 기본

1) 서비스란

　식탁의 서비스는 요리나 음료 등 "물건"을 보다 좋은 상태로 제공하는 물적 서비스와 서비스를 하는 사람의 "행동"이라 하는 인적 서비스의 제공으로 구성되어진다. 양자가 상응하여 기능할 때에야 비로소 진정한 서비스가 나오며 호스피탈리티의 현실을 꾀할 수 있다. 손님을 만족시키는 것이 서비스하는 측에 있어서도 자기자신의 만족감을 높여 도덕적으로 높은 상승효과를 자아내며, 이는 푸드 비즈니스에 있어서의 안정성, 발전성과도 연결된다. 푸드 비즈니스가 호스피탈산업이라고 불리는 까닭이 여기에 있는 것이다.

2) 서비스의 요소

푸드 비즈니스에서는 손님이 희망하는 회식의 목적에 따라, T.P.O.에 맞는 서비스를 제공하고 상대의 기대에 대응하는 것이 중요하다.

① 안전 · 건강의 확보

서비스하는 측은 먹는 음식에 대한 위생상 안전을 확보하는 것과, 자기의 심신 건강관리의 노력이 요구되어진다.

② 맛의 제공

음식의 기호요소(풍미 · 외관 · 온도)를 최고의 레벨로 서비스한다. 요리나 마시는 것에는 적절한 온도가 있으며, 일반적으로는 체온(25~30℃)의 상태가 좋다. 따뜻한 요리는 따뜻한 식기에 담아 식기 전에, 차가운 것은 그릇도 충분히 차갑게 하는 등 적당한 온도로 서비스하는 것이 맛과 연결된다.

③ 접객의 매너

접객 시의 마음가짐(청결, 품위), 태도 · 동작(친절, 신속), 언어사용(명료, 온화)의 배려는 손님에게 신뢰감과 안정감을 전해주는 최대의 서비스라 할 수 있다.

④ 지식정보의 제공

제공한 메뉴의 요리법이나 재료에 대한 지식 등 손님의 질문에도 응할 수 있는 지식정보서비스의 대처 자세가 요구되어진다.

4. 파티매너의 기본

부리아 사바랑의 명언에 "짐승은 주워먹고 사람은 먹는다. 양식 있는 사람이야말로 비로소 먹는 방법을 안다"라는 한 구절이 있다. 인간으로서의 먹는 방법, 교양의 표현으로서의 먹는 방법의 중요성을 설명한 것이다. 식의 매너에는 식사를 함께 하는 사람들에게 불쾌감을 전해주지 않도록 하는 사회의 기본 룰과, 국가나 지역의 역사, 풍토, 종교, 문화 등으로 성립된 습관적인 매너가 있다.

교양 있는 식사매너의 공통사항은 이하와 같다.

① 초대를 받았다면 지각하지 않는다. 늦을 경우에는 사전에 연락을 취한다.

② 옷차림은 청결하게 하고, 상대에게 불쾌감을 전해주는 대화는 삼간다.

③ 식사는 주변과 보조를 맞추면서 원활하게 진행한다.

④ 음식을 입에 담은 채 큰소리로 이야기를 하지 않는다.

⑤ 식사 중에는 등을 펴고, 팔꿈치를 뻗거나 하지 않는다.

⑥ 식기나 커트러리의 커다란 소리, 국물이나 음식을 입에 넣을 때의 잡음 등을 삼간다.

⑦ 음식은 남기지 않도록 하고, 먹은 후에는 접시가 보기 좋도록 주의하여 식사를 끝낸다.

파티는 같은 목적 하에 모여 음식을 사이에 두고 깊이 있는 교류로 각자의 메시지를 전달하는 것으로, 이것은 자기자신을 풍부하게 만들 수 있는 최고의 기회이다.

1) 뷔페 스타일의 매너

뷔페란 식기의 선반이라는 의미로 선반에 요리를 늘어놓아 방을 넓게 하여 파티를 즐기는 식사에서 시작된 형식이다. 원칙적으로는 입식형식으로 많은 사람의 증감에 대응하기 쉽고 식탁세팅은 비교적 간소하며, 간담이나 친목이 주된 목적이다.

(1) 뷔페 서비스

메인 테이블의 요리는 코스 순(전채/어·육류 요리/샐러드/디저트)으로 놓는다. 요리는 적당한 온도로 제공한다. 따뜻한 요리는 여러 번 바꾸어준다.

사이드 테이블에 디저트나 음료를 놓으면, 사람의 움직임이 2분화되어 혼잡을 완화시킨다. 중앙 테이블 외에 주변에 모의 점을 설정하면 파티 분위기를 상승시키는 효과가 있다.

(2) 뷔페의 매너

① 요리는 전채부터의 순서로 코스에 따라 스스로 먹을 수 있는 양을 덜어(서비스 스푼·포크의 사용방법 그림) 먹는 것으로, 접시에 덜은 것은 남기지 않는다.

② 요리를 던 즉시 바로 테이블에서 떨어진다.

③ 따뜻한 요리와 차가운 요리를 하나의 접시에 담지 않는다.

④ 덜어 먹는 접시나 포크가 더러워지면 새것으로 바꾼다.

⑤ 작은 테이블에 자신의 컵이나 접시를 구별할 수 있도록 놓고, 사용한 후의 식기도 놓는다.

⑥ 작은 접시를 이용하여 천천히 대화를 나누면서 요리나 음료를 즐긴다.

⑦ 준비된 의자가 적을 경우는 연장자에게 양보한다.

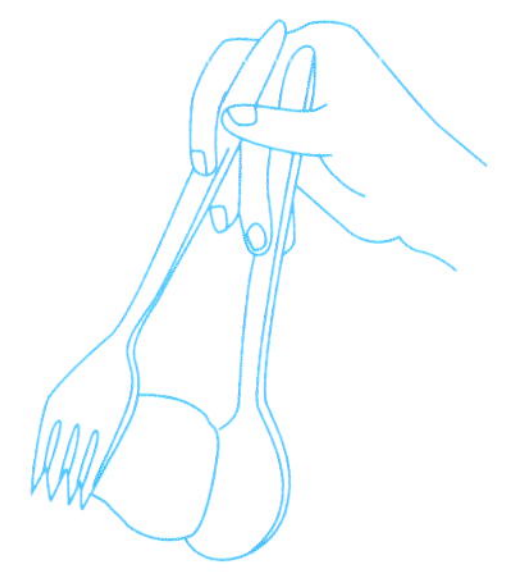

■ 그림 5-5 ■　서비스 스푼·포크 사용법

■ 그림 5-6 ■　퍼스널아이템 사용 시

■■ 뷔페 스타일 매너

① 컵과 접시는 옆 테이블에 놓거나 혹은 그림과 같이 함께 가지고 이동한다.
② 요리를 먹을 때는 컵과 접시를 그림과 같이 왼손에 함께 들어도 좋다.

· host의 경우

① 안주인은 스커트나 블라우스 등의 단정한 복장과 깔끔한 화장으로, 주인은 정장차림으로 준비한다.
② 세팅은 적당히 그때의 경제상황에 따라서(실 생활에 따라) 준비한다.
③ 평범함을 유도하되 너무 질리지 않게 연출한다.

· guest의 경우

① 분위기에 어울리는 복장과 화장을 한다. 뷔페 스타일의 경우는 특히 구두, 가방에 주의를 기울
이도록 하고, 보석을 많이 사용한 액세서리는 낮의 파티에서 피하는 것이 좋다.
② 컬러는 파티의 목적이나 테마에 맞춰 잘 선택해서 준비한다.
   – 흰색 실크타이는 결혼식 피로연의 복장

· 플레이트와 글라스를 기다리는 방법

① 회장에 들어가면 우선 주최자에게 인사를 한 후에 식사를 하면서 참석자들과 즐겁게 대화를 즐
긴다.
② 플레이트 위에 글라스를 놓고 기다린다. 한 손은 반드시 떼어 놓는다. 코스 순서에 따른다.
③ 요리의 양은 한번에 많이 덜지 말고 몇 번씩 나눠서 덜도록 한다.
④ 메인 테이블 앞에 서 있지 않도록 해야 하며, 요리를 던 후에는 다음 사람을 배려하여 메인 테
이블에서 떨어져서 대화를 나누면서 먹는다.
⑤ 맨손이 아닌 음료를 즐기면서 대화를 하는 것이 좋다.

· 파티에 초대되었을 때의 선물

① 꽃 : 파티 당일에 미리 꽃배달을 시켜둔다. 장소 연출에 미리 사용하거나, 또는 들어가서 바로
사용할 수 있게 준비한다.
② 케이크 : 미리 주인에게 물어서 준비한다. 생크림은 별로 적당하지 않으며 쿠키 등이 적당하다.
③ 와인 : 와인 선물은 적당하지 않다. 그 날의 음식과 주인의 기호에 따라 다르기 때문에 샴페인,
위스키, 브랜디가 더 적당하다(단 디저트 와인은 안주가 필요없으므로 가능하다).

8. 서양식 테이블매너

1. 착석의 매너

파티에서의 착석 스타일에는 프로토콜식, 프랑스식, 영국과 미국식의 3가지가 있다. 격식 있는 파티에서는 프로토콜식의 스타일, 홈파티나 비즈니스파티에는 호스트·호스티스가 게스트를 바라보기 쉬운 테이블에 위치하여 앉는 미국과 영국식, 호스트 측의 추체자가 지위가 높은 경우나 서비스하는 사람이 따로 있는 경우에는 호스트 측이 테이블 중심에 앉는 프랑스식이 많이 채용된다.

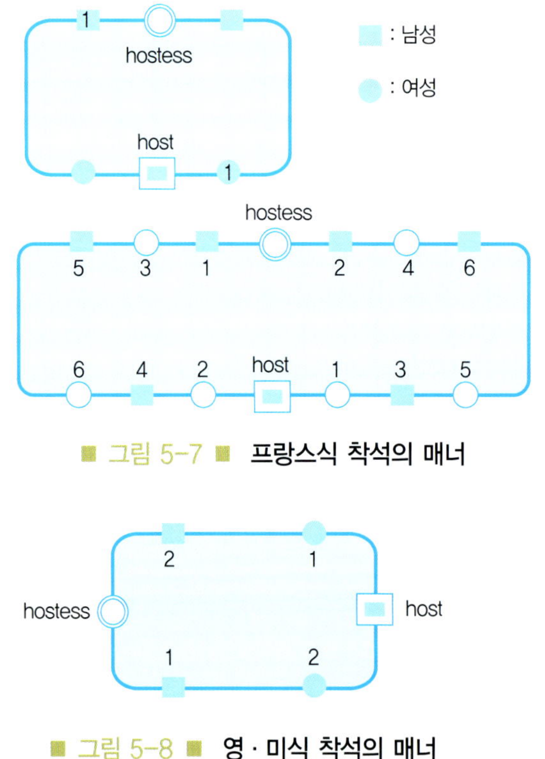

■ 그림 5-7 ■ **프랑스식 착석의 매너**

■ 그림 5-8 ■ **영·미식 착석의 매너**

자리배치(프랑스식, 영ㆍ미식의 경우)에서 일반적으로 외국 사람들은 자신의 국가 사람들보다 상석이며, 비즈니스의 경우는 일반적으로 비즈니스맨보다도 공직에 몸담고 있는 사람이 상석이 된다.

호스트의 오른쪽은 여성 메인 게스트이고, 호스티스의 오른쪽은 남성 메인 게스트이다. 또한 메인 게스트의 차석(次席)은 호스트의 왼쪽이 되며 남녀 교대로 앉는 것이 원칙이다.

방의 가장 안쪽에 호스티스가 앉으며, 테이블이 여러 개인 경우에는 호스트와 호스티스가 서로 다른 테이블에 앉는다. 부부나 언제나 함께 있는 사람이 떨어져 앉음으로써 서로 대화의 화제가 불거져 나올 수 있기 때문이다.

벽난로가 있는 방인 경우는 그 앞이 상석이다. 자리의 순서가 역력한 장방형 테이블보다 원형의 테이블이 다루기 쉽지만, 그 경우도 입구에 가까운 쪽일수록 하위석이 된다.

2. 세련된 냅킨 사용

냅킨은 자리에 앉자마자 성급하게 펴는 것이 아니다. 테이블을 둘러보고 모두가 자리에 앉고 난 것을 확인한 후에 무릎 위에 펼친다. 비행기나 기차 등 흔들리는 곳에서 식사를 할 때에는 와이셔츠나 조끼의 단추구멍에 꽂기도 한다.

냅킨을 무릎 위에 펼쳐놓는 것은 음식물이 잘못 떨어지더라도 옷이 더러워지지 않도록 하려는 데 그 목적이 있다. 그 밖에 입을 닦는다든가 핑거 볼(Finger Bowl)을 사용한 후 물기를 닦을 때 이용한다. 그러나 입을 닦더라도 세게 닦지 말고 가볍게 눌러가며 닦는다. 특히 어떤 여성은 입술의 루즈를 냅킨으로 닦아내기도 하는데, 이는 에티켓에서 벗어난 행위이므로 삼가도록 한다. 또 잘못하여 물을 엎질렀을 때에도 냅킨으로 마구 닦지 않도록 한다. 이런 경우에는 웨이터에게 부탁해 처리하도록 한다.

식사가 끝난 후 일어설 때 냅킨은 되는대로 접어 테이블 위에 놓는다. 의자 위에 놓는 것은 금기시 되어 있으며, 지나치게 깨끗이 접어 놓으면 잘못하여 사용치 않은 냅킨으로 착각할 수 있기 때문에 그렇게 하지 않는 것이 좋다.

3. 커트러리 사용법

• 나이프와 포크의 이용

중앙의 접시를 중심으로 나이프와 포크는 각각 오른쪽과 왼쪽에 놓이게 된다. 따라서 있는 그대로 나이프는 오른손에, 포크는 왼손에 잡으면 된다. 양식에서의 나이프와 포크는 하나만을 계속 사용하는 것이 아니라 코스에 따라 각각 다른 것을 사용한다. 포크와 나이프는 대개 각각 3개 이하로 놓여있게 마련인데 바깥쪽에 있는 것부터 순서대로 사용한다.

나이프와 포크를 동시에 사용하여 고기를 자를 때에는 끝이 서로 직각이 되게 하며 팔꿈치를 옆으로 벌리지 말고 팔목 부위만을 움직여 자르는 것이 좋다. 나이프는 사용 후 반드시 칼날이 자기쪽을 향하도록 놓는다. 식사 중의 포크와 나이프는 접시 양끝에 걸쳐 놓거나 접시 위에 서로 교차해서 놓는다. 포크의 경우 접시 위에 놓을 때는 엎어 놓는다.

식사가 끝났을 때는 접시 중앙의 윗부분에 나란히 놓는다. 나이프, 포크, 스푼을 사용했을 경우에는 바깥쪽부터 나이프, 포크, 스푼의 순으로 가지런히 모아 놓는다. 음식물을 입안에 넣고 씹을 때에는 포크와 나이프를 접시 위에 놓도록 하며, 나이프의 경우 입안에 직접 넣는 것은 금기로 되어 있다.

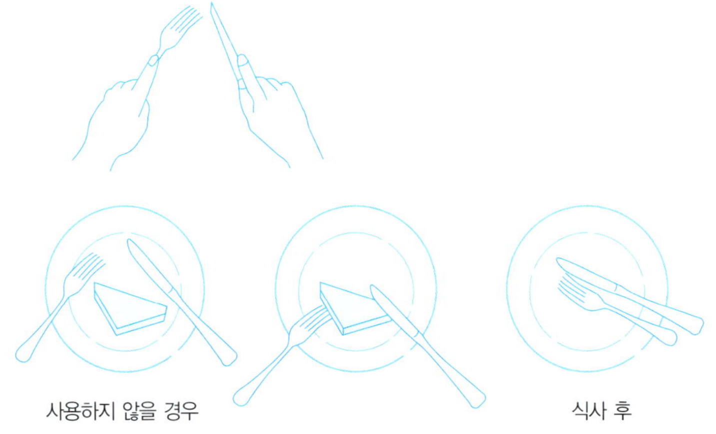

■ 그림 5-9 ■ 나이프와 포크 사용법

4. 전채요리에 대한 매너

• 요리는 나오는대로 먹기 시작해도 좋다.

• 동양적 사고방식에서는 여러 사람이 식사를 할 때 모든 요리가 다 나오기 전에 먼저 먹는 것을 예의에 어긋나는 것으로 여기지만, 서양요리에서는 요리가 나오는대로 바로 먹기 시작하는 것이 매너이다. 서양요리는 뜨거운 요리든 찬 요리든 가장 먹기 좋은 온도일 때 서브되며, 좌석 배치에 따라 상석부터 제공되기 때문이다. 따라서 온도가 변하기 전에 먹는 것이 예의이면서 또한 제맛을 즐길 수 있는 하나의 요령이다. 그러나 4~5명이 식사를 함께 하는 경우에는 요리가 전부 나오는데 그다지 시간이 걸리지 않으므로 먼저 나온 경우에는 조금 기다렸다가 함께 식사를 하는 것이 좋으며, 특히 윗분의 초대를 받은 경우는 더욱 그렇다. 그런 경우에는 윗분이 나이프와 포크를 잡은 후에 먹기 시작하는 것이 에티켓이다.

• 전채요리는 너무 많이 먹지 않는다.

전채요리는 식전에 먹는 식욕 촉진제 같은 것으로 뒤에 나올 생선이나 고기요리를 맛있게 먹기 위해 타액이나 위액의 분비를 활발히 해두려는 데 목적이 있다. 따라서 전채요리의 수는 셀 수 없을 정도로 많으며 식욕을 높여주는 것이라면 일단 전채요리가 될 수 있다.

• 샐러리, 파슬리, 카나페는 손으로 먹어도 된다.

• 전채요리로 나온 샐러리, 파슬리, 양파, 당근 등은 손으로 먹어도 상관없다. 전채에서만이 아니라 끈적거리지 않는 음식은 손으로 먹어도 된다. 작은 토스트나 크래커 위에 치즈, 연어, 캐비어 등을 얹어 한입에 먹기 좋게 나오는 카나페(Canape)는 손으로 먹는다. 크기도 한입에 먹을 정도로 적당할 뿐 아니라 포크나 나이프를 대면 모양이 흐트러지므로 손으로 하나씩 취향대로 골라 그대로 먹으면 된다.

• 전채로 나오는 생굴은 대개 껍질째 제공된다. 이때 사용하는 포크(Oyster Fork)는 한쪽 혹은 양쪽의 폭이 넓고 칼날로 되어 있다. 왼손으로 껍질을 단단히 잡고 포크의 칼

날로 관자부분을 떼어내어 떠서 먹으면 된다. 이때 레몬즙 또는 식초(Wine Vinegar)를 뿌려 먹으면 맛이 더욱 산뜻하다.

5. 빵에 대한 매너

- 빵은 수프를 먹고 나서 먹기 시작한다.
- 빵은 처음부터 테이블에 놓여있는 경우도 있지만 연회의 경우 대개 수프가 끝나면 바로 나오게 되어 있다. 빵은 처음부터 먹는 것이 아니며 수프와 함께 먹는 것도 아니다. 빵은 요리와 함께 먹기 시작해 디저트를 들기 전에 끝내는 것이다. 빵은 요리의 맛이 남아있는 혀를 깨끗이 하여 미각에 신선미를 주기 때문이다. 그러나 빵이 처음부터 제공되는 경우에는 조금씩 먹어도 된다.
- 빵접시는 왼쪽에 놓인다. 따라서 긴 테이블에서 식사할 경우에는 오른쪽에 있는 빵접시를 잘못 사용하는 실수를 하지 않도록 주의한다. 또 빵접시를 중앙에 갖다 놓거나 하지 않도록 한다. 점심과 저녁식탁에는 빵에 버터만 제공된다.
- 빵은 나이프로 자르지 않는다.
- 빵은 웨이터가 여러 종류를 가져와 서브하든 테이블 위에 처음부터 놓여있든 간에 자신의 손으로 취향대로 가져와 먹는다. 이때 여성에게 먼저 건네는 것이 매너이다. 또한 포크나 나이프를 이용해 먹지 않는다. 한 쪽 한 쪽 적당량을 손으로 잘라 먹으면 된다. 빵을 손으로 자르다 보면 빵 부스러기가 떨어지기 쉬우므로 되도록 빵접시 위에서 자르도록 하고, 테이블 위에 부스러기가 떨어졌어도 손으로 털거나 할 필요는 없다.

토스트의 경우는 나이프를 이용해 자른다. 이럴 경우에는 왼손으로 빵의 한쪽 끝을 잡고 오른손에 나이프를 들고 자르면 된다. 끝으로 토스트(Toast)나 크루아상(Croissant), 브리오슈(Brioche) 등은 조식용 빵이므로 만찬회석상에서 이를 요구하는 실수를 범하지 않도록 한다. 버터는 1인용으로 제공되기도 하고 2인용으로 나올 때도 있다. 2인용일 경우는 버터 나이프로 빵접시에 버터를 한조각 옮긴 다음 사용한다.

6. 생선요리에 대한 매너

• 생선은 뒤집지 않는다.

위쪽의 살을 다 먹은 다음에는 생선을 뒤집지 말고 그 상태에서 다시 나이프를 뼈와
아래쪽의 살부분 사이에 넣어 살과 뼈를 발라놓는다. 발라낸 뼈는 접시 위쪽에 머리, 꼬
리 등과 함께 놓아둔다. 남은 생선의 살을 동일한 방법으로 조금씩 잘라가며 먹는다.

간혹 가시를 모르고 먹은 경우에는 왼손으로 입을 가린 후 포크로 가시를 빼거나 오른
손으로 살짝 빼내어 접시 가장자리에 올려놓는다.

• 새우는 껍질을 떼내고 나서 먹는다.

새우요리가 나오면 우선 포크로 머리부분을 고정시키고 나이프를 새우의 살과 껍질
사이에 넣어 살을 벗겨내듯 하면서 꼬리쪽으로 나이프를 옮겨간다. 이렇게 양쪽으로 반
복하다 보면 껍질이 쉽게 벗겨지게 된다.

다음으로 왼손의 포크로 꼬리부분을 들어 올리고 오른손의 나이프로 껍질 부분을 누
른다. 그리고 나서 다시 포크로 살부분만 당기면 쉽게 빠져나온다. 껍질만 한곳에 놓아
두고 살부분을 왼쪽부터 잘라가며 마요네즈나 크림소스 등에 묻혀 먹는다.

7. 야채와 샐러드에 대한 매너

• 옥수수는 손으로 먹어도 된다.

• 식기를 사용하지 않고 손으로 먹어도 되는 요리를 핑거 푸드(Finger Food)라고 한
다. 우선 옥수수는 먹기 불편한 음식으로 특히 여성들이 꺼리는 경향이 많다. 이런 경우
에는 막대기를 양손으로 잡고 1/4 ~ 1/2 정도에 버터를 바르고 소금, 후추를 뿌린 후 베
어 먹고 다시 나머지 부분도 같은 식으로 먹는다. 여기저기 생각없이 갉아먹는 일은 삼
가도록 한다. 막대기가 꽂혀있지 않은 경우에는 양손으로 잡고 먹어도 무방하다.

• 소금이나 후추는 무턱대고 뿌리는 것이 아니다.

- 테이블 위에는 대개 소금, 후추, 머스타드, 타바스코 등의 조미료가 놓여있게 된다. 흔히 음식이 나오면 무턱대고 이들 조미료를 뿌리는 사람들이 있는데 이는 매너에서 벗어나는 일이다. 일단 한두 번 먹어본 다음 취향에 맞게 조미료를 뿌리도록 한다.

특히 프랑스의 일류 레스토랑에서는 요리의 맛이 제일 좋은 상태에서 음식을 낸다는 전통이 있어, 함부로 조미료를 뿌리는 사람에 대해서는 주방장을 무시하는 것으로 여길 수도 있으며 음식을 먹을 줄 모르는 사람 취급을 하거나 경원시하는 경향이 있으므로 특별히 주의하도록 한다.

8. 디저트

- 디너의 디저트로 마른 과자는 좋지 않다.
- 디저트로는 과자나 케이크, 과일 등이 나온다. 디저트(Dessert)란 프랑스어의 데세르비르(Desservir)에서 유래된 용어로 '치운다', '정리한다' 라는 의미이다. 메인코스가 끝나고 디저트를 주문하기 전에 빵, 조미료, 식사가 끝난 접시를 모두 치우는 것과 관계가 있다고 볼 수 있다.
- 디저트용 과자로는 프랑스어로 '앙트르메(Entremets)' 라고 하는데, 이는 '앙트르(중간)' 라는 단어와 '메(음식)' 라는 단어의 합성어로 원래는 고기요리와 찜구이 요리 사이에 나오는 빙과류를 일컫는 말이었다고 한다. 그러나 오늘날에는 빙과류도 포함해 달콤한 과자 전부를 가리키는 의미로 사용되며 영어로는 스위트(Sweet)라 부른다.

디저트용 과자는 달콤한 것으로 부드러워야 한다. 쿠키라든가 빵 등의 마른 과자는 조식의 빵 대신, 혹은 오후에 차를 마실 때 먹도록 하며 디너 시의 디저트로는 적당치 않으므로 준비하지 않는 것이 좋다.

디너의 따뜻한 디저트로는 푸딩 및 크림으로 만든 과자, 과일을 이용한 과자, 그리고 파이 등이 있으며, 차가운 디저트로는 아이스크림이나 셔벗이 있다.

- 수분이 많은 과일은 스푼으로 먹는다.

9. 와인 서비스

식전주로 잠시 손님의 기다리는 시간의 조정이나 천천히 메뉴를 고를 때 유효하다. 와인 종류(샴페인, 셰리주[남부 스페인산의 흰 포도주], 베르무트[포도주에 베르무트포의 뿌리 등을 우려낸 리큐르의 일종] 등)와 스피릿 종류(스피릿을 베이스로 향초(香草), 약초 등을 넣은 것)가 있다. 식사 중에는 와인, 식후에는 브랜디, 리큐르 등 손님의 취향에 맞게 서비스 된다. 와인에는 비 발포성의 적, 백, 로제와인, 발포성의 샴페인, 주정강화의 셰리, 포트와인이 있다. 건배 시에는 샴페인, 어류요리의 담백한 맛에는 차가운 화이트와인, 감칠맛이 있는 고기요리에는 상온의 레드와인이 제공된다. 처음 한잔은 호스트에게 따르고 와인체크를 한다(테이스팅). 서비스하는 측은 와인 정보를 라벨(에티켓이라 한다)로 확인해 둔다.

① 글라스는 손의 온기가 전해지지 않도록 다리 부분을 든다.

② 향이 올라오도록 글라스의 면적이 넓은 부분까지 따른다.

③ 밑부분을 받쳐 돌리면 와인과 공기가 혼합되어 향이 퍼진다.

④ 서비스를 거절하고 싶을 때는 입술(rim) 부분을 가볍게 손으로 댄다.

■ 그림 5-10 ■ 와인 따르는 방법과 마시는 방법

10. 식생활의 변화와 식사매너

한국도 이제는 여러 외국요리를 받아들이면서 오늘날 식탁의 국제화가 안착되었다. 그러나 한편으로는 외식 지향이나 혼자 사는 사람·고령화 사회 등에 의한 개인식 및 독식화의 경향으로 식탁에서의 커뮤니케이션이나 화합은 적어지고 있다.

시간과 장소를 불문하고 개인이 자유롭게 먹을 수 있는 기회가 많은 현대에는, 가정에서 식사 매너를 몸에 익히는 기회가 감소하고 또한 세대간 생활의식의 변화가 원인이 되어 식탁에서의 식사매너 의식이 희박해지고 있다.

식사매너는 가족이나 가까운 사람들과의 모임에서라면 그다지 문제가 되지 않지만, 일정한 레벨에서의 모임이나 관혼상제 등의 의례적인 장소에서는 복장, 좌석배치를 포함하여 그 장소에 걸 맞는 매너가 요구되어진다. 그리하여 이러한 식 매너의 기본적인 교양을 지니고 있는 것이 지적현대인이다.

국제사회의 일원으로서 식사를 통하여 커뮤니케이션을 꾀할 기회가 많아졌다. 식탁을 함께 둘러싸고 식사를 하는 행위는 그 나라의 문화를 알고, 민족의 인간적 교류가 원만하게 이루어질 수 있도록 도와준다. 이는, 즉 여러 민족이 공유할 수 있는 보편적인 식사매너를 이해할 필요성이 있는 시대가 되었다는 것이다.

국제사회에서는 미국의 매너가 주류가 되어, 기본적으로 부부를 함께 초대하는 것과 기본적으로 레이디 퍼스트가 철저히 지켜지는 점 등 예전의 한국문화와는 다른 점이 있다. 요즘에는 우리나라도 환영회나 파티에 뷔페 형식이 많아지고, 서서 혹은 걸으면서 음식을 먹는 것은 옳지 못하다고 생각해 왔던 일본에서도 입식의 문화가 정착했다. 침묵하고 먹는 것이 좋던 과거와는 달리 식탁의 역할을 "먹는 기쁨과 이야기하는 기쁨"을 공유하여 "삶의 기쁨"을 서로 나누어 가지는 장소로 바꾸는 등 식사매너에 대한 종래의 가치체계도 변해 왔다. 현대에 맞는 식사법법을 검토해야 하는 시기가 됐다고 말할 수 있다.

6 chapter

Menu란 식단 혹은 식단표를 말하며, 식단 구성이란 식단의 계획을 세우는 것이다. 또한 식단(獻立)의 獻의 의미는 한 잔이나 두 잔의 술 혹은 먹을 것을 제공하는 횟수를 나타내는 말로, 즉 식단이란 횟수를 거듭하여 내는 술의 안주 요리의 종류, 조합, 순서 등의 계획을 세우는 것이다. 메뉴 구성이란 여러 가지 요리에 따라 풍부함을 표현하고자 하는 식사설계의 중요한 작업이다.

반조리 식품이나 도시락 등 조리가 끝난 식품을 구입하는 중식, 레스토랑이나 요리점에서 먹는 외식 등 모든 식사의 경우 그 만족도는 메뉴에 의해 달라지는 경우가 많다. 메뉴의 좋고 나쁨이 그 가게의 경영을 좌우하는 것이다. 메뉴 구성에는 누가, 누구와, 어떠한 목적 등 먹는 측(손님)의 필요와 제공하는 측의 가게의 입지조건이나 컨셉, 설비, 일손, 경비 등의 제약을 동시에 해결하는 종합적인 작업을 수행할 필요가 있다. 그리하여 각 나라의 식사 문화의 기본적인 메뉴 구성에 대하여 살펴보고, 여러 가지 제약을 깊이 생각하여 다양한 식사의 필요에 대응하고, 손님을 기쁘게 할 수 있는 메뉴, 인기 있는 메뉴를 구성하는 기초에 대하여 공부한다.

1. 메뉴 구성의 기초

일상식을 제공하는 음식점에서는 손님의 기호나 경제, 영양 등을 중심으로 요리를 생각해야 한다. 하지만 손님을 접대하는 향응식에서는 맛에 중점을 두고 요리를 선택해야 하며, 더욱이 식사하는 장소의 분위기에도 시야를 돌려 생각해 볼 수 있어야 한다. 메뉴에 요구되어지는 내용에는 커다란 차이가 있다. 메뉴는 단순히 요리를 조합하기만 하면 되는 것이 아니라, 손님의 필요와 가게의 컨셉을 충분히 생각하면서 구성하는 것이 중요하다.

구성의 순서로는 우선 손님의 희망과 가게 측의 제약을 기본으로 커다란 개요 메뉴를 만들고, 다음으로 만족도를 높이기 위해 조금씩 수정해 간다. 최후에 모든 조건을 점검하면서 완성하면 된다.

1. 구성의 요소

현재 우리가 살고 있는 시대는 「식사에서 멋과 분위기를 요구하는 시대」라고들 한다. 요리의 맛은 물론이고 그릇에 예쁘게 담아내는 것이나 요리의 화제 제공 등도 즐거운 식사 연출을 위해 필요한 고려 사항이 되었다.

맛, 볼륨감, 가격, 스피드 등 손님의 요구는 각기 서로 다르며, 또한 레스토랑, 테이크 아웃 등 식사하는 장소에 따라서도 요구되는 조건이 여러 가지이다.

1) 요리의 선택

음식점에는 한국식, 일본식, 서양식, 중국식 등의 전통적인 식사를 제공하는 고급지향의 가게부터 면류와 같이 단순한 요리를 중심으로 하는 가게, 햄버거나 오니기리(주먹밥) 등의 패스트푸드, 테이크 아웃의 도시락이나 반찬을 판매하는 곳까지 각 가게의 컨셉이나 규모는 서로 다르며 그들 나름대로 손님을 끌 수 있는 메뉴, 잘 팔리는 메뉴가 서로 다르다. 예를 들어, 반찬을 파는 가게라면 가정에서 자주 접하던 맛, 가정의 맛과는 전혀 다른 맛, 차가워도 맛있게 먹을 수 있는 것, 자택에서 만드는 것 보다 싸다고 느낄 수 있는 것 등을 적절히 준비하여, 이 반찬들이 적당한 옵션으로 잘 팔리도록 노력할 것이다.

요리의 선택에 있어서 특히 중요한 것은 맛있어 보여야 한다는 것이다. 레스토랑의 식사라면 멋있는 데코레이션이나 요리의 색 배합 등이 손님에게 감동을 전해준다. 또한 테이크 아웃 요리점이라면 사람은 눈으로 맛을 가름하여, 구입할 것인가 하지 않을 것인가를 결정하는 경우가 많다.

2) 조리조건

① 설비, 노력, 시간

먹는 온도나 타이밍은 맛에 커다란 영향을 준다. 아무리 재료가 좋은 품질의 것이라 할지라도 차가운 튀김요리는 결코 맛있지 않다. 요리의 소요시간, 조리사의 수, 설비 외에 다른 요리와의 관계도 생각하여 적당한 타이밍에 맞춰 요리를 제공하도록 한다.

또한 요리에는 스튜(stew)와 같이 가열시간은 길지만 다시 데우기만 하면 쉽게 제공할 수 있어 수고롭지 않은 음식, 회와 같이 조리시간은 짧지만 제공할 때 수고가 많이 드는 요리 등이 있으므로 요리의 특징이나 사람, 설비를 포함한 조리능력을 충분히 숙지하는 것이 중요하다.

② 재 료

사계절의 구분이 뚜렷한 우리나라는 식재료의 종류가 다양하며 각각의 재료마다 제일 신선한 시기가 있다. 최근에는 연중재배나 냉동기술의 발달, 외국 산품의 수입 등으로 각국의 계절음식 및 우리나라의 계절음식을 쉽게 표현할 수 있게 되었으나, 사전에 계절감을 표현할 수 있는 대표적인 식재료의 공부가 필요하다.

③ 제공량

요리를 선택함과 동시에 조제량을 결정한다. 어느 정도의 만복감이 없으면 식후에 불만이 남게 된다. 그렇다고 너무 많이 제공하면 음식이 남아 쓸데없는 낭비가 되며 환경오염의 원인도 되므로, 손님의 성별이나 연령, 요리의 종류나 가짓수 등을 생각하여 적당한 양을 산출해 내도록 한다.

3) 경 비

맛있고 가격도 저렴한 메뉴는 매우 매력적이며, 이는 메뉴의 인기를 좌우하는 커다란 원동력이 된다.

메뉴의 가격 결정방법에는 쌓아올리는 방식과 예산 정산 방식 있다. 전자는 고급지향의 가게에서 행하며, 후자는 체인점 등의 저 가격 정책을 취하는 가게에서 행해지는 경우가 많다.

경비의 관리는 업종이나 입지 등에 따라 차이가 있으며, 식사를 즐기는 가게에서는 요리 뿐만 아니라 적절한 가게의 분위기도 요구되어진다. 패스트푸드점의 손님은 음식 그 자체에 관심이 높고, 학생들이 자주 이용하는 곳에서는 저렴한 메뉴가 사랑 받는다. 가게의 컨셉이나 규모에 의해 사랑 받는 메뉴, 잘 팔리는 메뉴의 요점이 있는 것이다. 메뉴 구성의 기초는 각 업종에 따라 요구되는 사항을 숙지하여 계획을 세우지 않으면 안 된다.

최근에는 식미의 저하를 최소한 억제하면서 저렴한 가격으로 제공할 수 있는 쿡틸(cooktill) 등의 신 조리 시스템이 레스토랑에도 도입되어 있다. 새로운 조리기구를 적극적으로 도입하여 메뉴구성을 실시하고, 경영의 합리화와 제 경비의 삭감을 꾀하는 것도 좋은 공부 중 하나이다.

◑ 표 6-1 ◐ **가격의 결정방법**

방식	내용
쌓아올리기 방식	메뉴를 결정하고 나서 식재료비, 수·광열비, 인건비 등의 제 경비에 적당한 이익을 부가한다.
예산 정산 방식	먼저 가격을 설정하고, 수지균형이 맞도록 메뉴나 제 경비를 수정하여 조절한다.

2. 메뉴의 배려

많은 사람들에게 사랑 받는 메뉴, 잘 팔리는 메뉴를 구성하고자 할 때는 친절한 접대의식이 필요하다.

(1) 건 강

요즘 유난히 건강에 대한 관심이 높아져 음식이 짠 가게는 손님들이 멀리하기 쉽다. 한끼의 식사라 할지라도 저지방·저염(低鹽) 요리를 구성하는 등 건강지향에 대응한 식사를 제공하는 배려도 매우 중요하다. 메뉴판에 에너지량이나 염량 등을 제공하는 것도 마음의 편안함을 전해주는 방법 중에 하나이다.

(2) 라이프스타일

고령자의 식사는 일반적으로 산뜻한 맛으로 부드러운 흰살 생선과 야채를 중심으로 한 메뉴가 제일 적당하다고들 일반적으로 생각하고 있다. 그러나 고령자의 기호는 개인 차가 크며, 고기 종류나 고지방 요리를 좋아하는 경우도 적지 않다. 따라서 시장을 확대 하여 수용도가 높은 메뉴구성을 지향할 필요가 있다.

아이들을 위한 메뉴는 아이들의 기호뿐만 아니라 영양의 균형이나 열량에 대한 배려 를 해야 하며, 더욱이 시각적으로 예쁘고 즐거움을 줄 수 있는 메뉴를 연출하는 것이 바 람직하다.

(3) 기 호

한국인의 일반적인 기호는 전통음식을 기본으로 최근에는 옛것에 대한 애호가 강해지 고 있다. 샐러드에 사용되는 시판 드레싱도 간장이나 된장 등을 사용한 한국 고유의 맛 이 대부분 시장을 점령하고 있다.

또한 자주 먹는 음식은 내식이나 중식에, 가끔씩 먹는 음식은 외식 메뉴에 채용하도록 하는 요리의 이분화가 강해지고 있다. 도시락이나 급식 등은 평상시 가정에서 먹는 식사 와 비슷한 요리를, 레스토랑 등에서는 색다른 요리를 기대하고 있다.

(4) 행 사

연중행사 시에 먹는 음식은 계절감을 느낄 수 있는 메뉴로 마음의 여유를 전해줄 수 있다.

(5) 의 례

사람의 일생에는 여러 가지 경조사가 있으며 그에 따른 여러 가지 요리가 있다. 출산 이나 결혼 등의 축의에는 팥찰밥, 불 경사스러운 날에는 흰콩이나 흑콩으로 밥을 지어 먹는다. 도미는 아름다운 자태로 경사라는 의미와 통하기 때문에 경의의 음식으로 사용 된다. 회합의 목적에 맞추어 축하나 슬픔의 기분을 담은 요리나 회합 시에 최고급품을 제공하고자 하는 마음 씀씀이는 회식자의 마음을 감동시킨다.

(6) 종 교

종교에 따라 식에 대한 기피가 있다. 현재에도 힌두교인들은 소를, 이슬람교인들은 돼지를 먹지 않는다.

최근에는 국제적인 회식 자리도 늘고 있기 때문에 종교상 음식의 계율 등에 대해서도 공부할 필요가 있다.

2. 요리양식별 메뉴

1. 한국요리의 메뉴

한식 상차림은 밥과 국, 그리고 김치를 기본으로 하는 상차림이다. 우리들의 식생활에 있어서 기본 격식인 독특한 상차림에 대하여 간단히 살펴보기로 한다.

상차림에는 주식과 부식이 잘 어울려 있으며, 주식으로는 쌀밥·잡곡밥 등이, 그리고 부식으로는 채소·육류·수산물 등의 조리음식이 다양하게 사용되었다. 굽고, 지지고, 졸이고, 볶고, 끓이는 등 여러 가지 조리법에 의하여 같은 재료로도 다양한 맛과 형태로 만들어진 부식이 상 위에 올려졌다. 주식과 부식들로 구성된 상차림은 보통 일정한 방식에 따라 격식화되어 차려졌는데 이를 '반상(飯床)차림' 또는 '밥상차림'이라 하였다.

이는 대개 3첩·5첩·7첩·12첩 등으로 구분하였는데, 이때 밥·국·김치는 기본이 되며, 첩이 많아짐에 따라 생채·숙채·구이·조림·찜 등의 반찬이 더해지게 되는 것이다. 예를 들어, 3첩 반상이라면 잡곡밥과 콩나물국, 그리고 김치를 기본으로 하면서 시금치나물·무생채와 생선조림 등 세 종류의 반찬이 추가된 것이고, 5첩 반상이라면 3첩 반상에 동태전과 오징어젓 등 두 가지 반찬이 더 추가된 것이다.

● 조리법

- 국, 찌개, 조림 : 양념의 가감, 가열시간, 온도조절
- 나물 : 양념, 무칠 때 손놀림의 강약, 싱싱한 맛과 감칠맛 차이에 의한 것
- 구이 : 양념 침투시간을 고려한 후 구웠다.

■■ **조미료의 기능**

① flavoring properties(향미성분)
② 항산화제
③ food preserving(식품보존효과)
④ antimicrobial(항균작용)
⑤ 생리적 효과(침의 분비 촉진) : amylase 함량이 높은 타액, 당질 소화 촉진, 구강 청결, 부신피질 호르몬 증가로 신체적 · 심리적 잠재력 증가

---

1) 상차림과 메뉴구성

(1) 일반상차림

● 반 상

밥, 탕(국), 김치를 기본으로 차리는 밥상이다. 나이 어린 사람에게는 밥상, 어른에게는 진짓상, 임금님 밥상은 수라상이라고 한다. 상에 놓이는 음식의 종류와 수에 따라 달라지는 우리나라 전통 반상 차림의 종류를 나타냈다. 첩수로 상차림을 구분하는데, 첩이란 뚜껑이 있는 반찬 그릇을 말하는 것으로 밥, 탕(국), 김치, 찌개, 장 등을 제외한 반찬 그릇의 수를 의미한다. 3첩은 서민들의 상차림이었고, 5첩은 여유가 있는 서민층의 상차림이었다. 7첩과 9첩은 반가의 상차림이었고, 12첩은 임금님만 드실 수 있는 수라상 차림이었다.

| | | | | 종지 | | | 조치류 | 숙채 | 생채 | 구이 | 조림 | 전류 | 마른반찬 또는 젓갈 | 회 |
	밥	탕	김치	간장	초간장	초고추장								
3첩 반상	○	○	○				○	○	○	○ (또는 조림)				
5첩 반상	○	○	○	○	○		찌개류	○	○	○ (또는 조림)		○	○	
7첩 반상	○	○	○	○	○	○	찌개 1 찜 1	○	○	○	○	○	○	○
9첩 반상	○	○	○	○	○	○	찌개 1 찜 1	○	2	2	○	○	○	○
12첩 반상	○	○	○	○	○	○	찌개 1 찜 1	○	2	2	○	2(전, 편육)	○	○

(2) 음식구성

반상은 조선시대 정립된 일상식의 전형으로 주식과 부식을 한 상에 차리는 방법을 말한다. 반상차림은 조선시대 국교인 유교의 이념에 입각하여 남자 어른을 대상으로 한 독상을 기준으로 체계화되었다.

- 상차림별 주재료의 사용빈도와 사용비율은 채소류＞어패류＞육류＞곡류＞해조류＞기타순으로 나타났다.

3첩에서 12첩 반상에 이르기까지 가장 많이 사용된 주재료는 채소류이며 첩수가 많아질수록 어패류와 육류의 사용비율이 높아진다.

- 양념류의 사용빈도수는 간장＞설탕＞소금＞식초(3첩 이외의 반상에서 20% 이상 사용하였다)＞고추장(7첩에서 다소 많이 사용하였다)＞된장(3첩에서 주로 사용하고 9첩과 12첩에는 아예 사용하지 않는다)＞새우젓(7, 9, 12첩 반상에 주로 사용하였다)
- 향신료 사용빈도수는 마늘＞파＞참기름＞깨소금＞후추＞고춧가루＞고추
- 가장 많이 사용하는(숙채, 전골, 구이) 고명은 깨소금＞5첩반상에 고기류나 산적에 잣가루 고명＞달걀황백지단＞호두, 은행

(3) 인원구성에 의한 분류

① 외 상

② 겸 상

③ 두레반상

(4) 주식에 의한 분류

① 반 상

② 면상 · 만두상 · 떡국상

밥을 대신하여 점심 또는 간단한 식사 때 차리는 상이다. 전유어 · 잡채 · 배추김치 · 나박김치 등을 반찬으로 상에 올린다.

③ 주안상

술을 대접하기 위해 차리는 상이다. 술과 함께 전골이나 찌개 · 전유어 · 회 · 편 · 육 · 김치를 술안주로 상에 올린다.

④ 교자상

경사가 있을 때 장방형의 큰상에 차려 여러 사람이 함께 둘러앉아 음식을 먹도록 차리는 상이다. 주식으로 냉면 · 온면 · 떡국 · 만두 중에서 계절에 맞는 것을 선택하고, 탕 · 찜 · 전유어 · 편육 · 적 · 회 · 겨자채 · 잡채 · 구절판 · 신선로 등을 반찬으로 놓는다. 배추김치 · 오이소박이 · 나박김치 · 장김치 중에서 두 가지쯤 상에 차린다.

2. 일본요리의 메뉴

현재 일본에서 보여지는 요리 양식에는 본선요리를 비롯하여 회석(懷石), 회석(會席), 정진(精進), 보차(普茶) 등이 있으며 배선의 방법이나 요리의 내용 등에 차이가 있다.

1) 메뉴의 기본구성

화식 메뉴는 국과 나물의 수로 표현된다. 밥, 국, 날 것, 조림, 구이로 구성되는 일즙삼

채가 기본이다. 이 경우 국은 밥의 반찬이기 때문에 된장으로 구성하고, 날 것은 회 혹은 날 생선이나 야채를 무친 나마스(なます : 야채·생선·조갯살 등을 초간장에 무친 것)가 있다. 연회요리로는 국이나 야채를 함께 한 이즙오채나 삼즙칠채 등이 있다. 일본요리는 각 양식에 따라 요리의 이름이 다르다.

2) 요리를 제공하는 형식과 메뉴

(1) 본선요리

무로마찌시대에 정비되어 관혼상제 등에서 정식적인 식사의 양식으로 행해져 온 것으로, 밥은 좌측, 국은 우측이라는 현재의 배선 방법이나 즙·채의 주창법은 본선양식에서 온 것이다.

상은 다리가 붙어있는 것을 이용하며, 손님의 정면에 차려놓은 상을 본선이라 하고, 2번째 상, 3번째 상이 있을 때는 우측에 2번째 상, 좌측에 3번째 상을 놓는다. 본선에는 밥, 국, 야채 절임 외에 회나 조림 등을 놓는데, 본선에는 조림을 담아 놓은 그릇이 평평하기 때문에 조림을 平(ひら)이라 부르는 경우가 많다. 본선의 앞에 구운 음식을 놓는 또 다른 상을 놓을 때는 그것을 구운 음식 상이라 한다. 2번째 상, 3번째 상은 각각 2번째 국과 3번째 국을 서로 놓고, 2번째 국은 맑은 장국, 3번째 국은 다른 국 등을 놓는 경우가 많다. 무침이나 조림 등의 음식을 담는 깊은 그릇인 쵸구(ちょく : 작은 사기 종지)나 항아리 등을 갖춘다. 상의 위치에 대한 방법은 본선은 자신의 좌측에 밥, 우측에 본국을 놓는 등 그 위치가 정해져 있지만, 다른 음식은 정해져 있지 않다.

본선요리는 튀김요리나 찜요리 등을 점차적으로 추가하지만, 기본적으로는 모든 요리를 상 위에 올려놓은 다음에 식사를 시작하는 접대양식으로 동시·평면적인 서비스이다.

(2) 회석(懷石)·회석(懷石)요리

회석(懷石)은 다도에서 행해지는 식사양식으로 자극이 강한 차를 맛있게 음미하기 위해 차를 마시기 전에 가벼운 식사를 하는 것이다. 현재는 회석풍(懷石風)으로 식사를 제공하는 음식점이 많은데, 이러한 식사는 회석(懷石)요리로 대별된다.

회석(懷石)은 상에 다리가 없는 おしき(모난 나무쟁반)을 사용하여, 처음에는 밥, 국, 절임류를 제공하고, 나중에는 순서에 따라 다른 음식들을 제공하므로 시계열적 서비스라고 한다. 따듯한 것은 따뜻하게, 차가운 것은 차갑게 하여 제공할 수 있으며, 국은 밥과 함께 나오는 된장국을 말하며 무꼬쯔께는 사시미나 회를 일컫는다.

회석(懷石)·회석(會席)요리의 메뉴는 자연의 맛을 살리며 필요 이상으로 손을 대지 않는 간단한 요리를 선택하고, 특히 각 계절의 재료를 사용하는 것이 중요하다. 봄 메뉴에서는 쑥이나 토필, 유채꽃 등이, 가을 메뉴메서는 송이(松茸)와 황국이 사용되어진다. 또한 작법 중에 하나로 음식을 남기지 않도록 하는 것을 원칙으로 하기 때문에 먹을 수 있을 만큼의 분량으로 하는 것도 중요한 조건이다.

적당한 타이밍에 제대로 제공하기 위해 조리의 순서나 시간을 확실히 구성해 둘 필요가 있다. 회석(懷石)요리는 일반적인 식사는 아니지만 그 정신에 대해서는 많이 배우고 있다.

「회석(懷石)요리」는 요리를 시계열적으로 하나씩 제공하는 것이나 제일 마지막에 차를 제공하며 주연(酒宴)으로 시작한 밥과 된장국, 장아찌(코우모노)가 식사의 최후에 제공되는 것과 著洗(はしあらい)나 八寸(はっすん), 湯桶(ゆとう) 등을 간략화시켰다.

(3) 회석요리(會席料理)

현재의 일반적인 연회양식이다. 술잔을 서로 주고 받아가며 즐기는 요리양식으로 밥과 된장국과 야채 절임은 주회가 끝날 무렵에 제공된다. 상은 다리가 없는 회석(會席)상을 사용하는데, 넓은 장소에서 많은 사람들과 함께 하는 연회 등에서는 다리가 있는 상을 사용하기도 한다.

술을 즐겁게 마시는 행위를 중심으로 하여 요리를 선택하지만, 제공되는 순서는 본선(本膳)이나 회석(懷石)과 같이 정해져 있는 것이 거의 없다. 또한 서비스에 대해서도 다수의 사람들이 함께 하는 연회에서는 처음부터 요리를 배열해 놓는 평면적인 서비스가 보통이며, 소수의 사람들일 경우에는 시계열적으로 서비스하는 경우도 있어 이 역시 특별히 정해져 있지 않다.

(4) 정진요리(精進料理)

동물을 먹는 것을 금기시하는 불교의 가르침으로 동물성식품을 사용하지 않고 조리한 음식을 말한다. 법사나 우란분회(盂蘭盆會) 등의 의식에서는 본선요리의 형식으로 밥·된장국·장아찌(코우모노)에 조림이나 구이, 튀김 무침 등을 적당하게 조합하여 일즙삼채를 기본으로 메뉴를 구성한다. 주가 되는 요리에는 동물성식품을 대체하는 대두제품이나 밀가루를 사용하고, 부채에는 근채(根菜)나 감자, 버섯, 해초 등의 다양한 식재료를 사용하여 생선이나 고기의 부족함을 보충하도록 하였다.

(5) 보차요리(普茶料理)

정진의 일본풍 중국요리이다. 원칙적으로 장방형의 테이블에 4명이 서로 마주보고 앉으며, 요리는 4인분을 큰 접시에 담아 낸다. 재료는 단백질식품으로 대두제품을 주로 사용하고 있으며 조리법은 튀김이나 전분 이용 요리가 많다.

3. 중국요리의 메뉴

중국요리양식의 메뉴는 1매를 채단(菜單 : 차이판), 2매를 채보(菜譜 : 차이푸)라고 한다. 메뉴구성의 기본은 전채(前菜), 대채(大菜), 탕채(湯菜), 점심(点心), 첨채가 기본적인 코스로 〈그림 6-1〉에 중국요리 메뉴의 예를 나타냈다. 보통 코스의 경우 1매에 8~10인을 한 단위로 하여 전채는 2~4품, 두채는 1품, 대채는 4~8품, 점심은 2~3품 그리고 첨채는 1품 정도의 요리로 구성된다. 전채는 술안주에 적합한 차가운 음식으로 색의 배합이나 자르는 방법을 고안하여 아름답게 담아낸 냉채로 다음에 계속하여 나오는 요리의 기대를 높이도록 한다. 처음에는 전채에 이어 가벼운 맛을 낸 따뜻한 요리를 내기도 한다. 그 후에는 따뜻한 열채가 중심이 되어 수조어육(獸鳥魚肉)에 야채를 조합한 볶음, 튀김, 조림 등의 요리 전반에서 선택되지만, 반드시 중심이 되는 요리를 넣는다. 제비집 등 고급재료를 사용한 경우는 두채(頭菜)라고 부르고 대채(大菜)의 처음에 놓는다. 두채는 메뉴를 대표하는 요리로, 지방에 따라 혹은 금액 등에 의해 재료가 결정된다. 탕채는 수

프로 점심은 밥이나 면, 만두 등을 내고, 디저트는 행인(杏仁 : 살구씨의 속살), 두부 등의 첨채나 과일 등이 중국 차와 함께 나온다. 요리의 순서는 차가운 것부터 뜨거운 순서로, 짠 음식에서 단 음식으로, 산뜻한 해산물요리에서 진한 고기요리로, 바싹한 튀김요리에서 조림으로 구성한다. 볶음요리나 튀김요리 등 따끈따끈한 상태에서 먹는 요리가 많기 때문에 적당한 타이밍으로 제공하도록 고려하는 것도 중요하다.

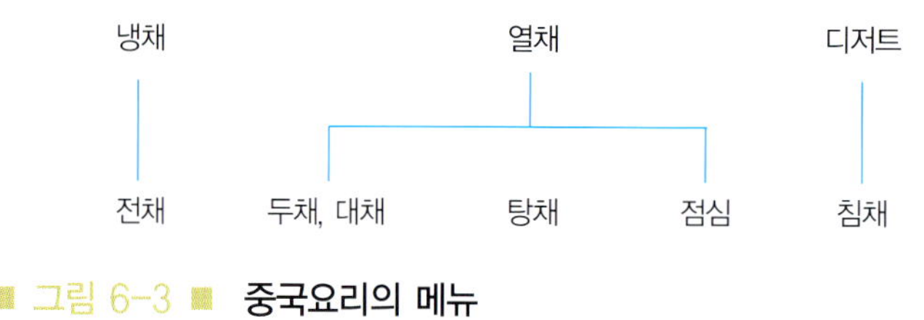

■ 그림 6-3 ■ **중국요리의 메뉴**

중국요리에는 점심(点心)을 중심으로 한 메뉴가 있다. 단맛계열의 拔系山藥이나 豆沙包子, 짠맛계열의 교자나 쇼마이(燒賣), 볶음밥 등이 있으며, 최근에는 개인의 취향에 따라 점심(点心)으로 중국 차를 즐기는 찻집도 번성하고 있다.

4. 프랑스요리의 메뉴

프랑스요리는 고도로 세련된 조리법과 맛으로 서양요리의 대표로 자리잡고 있다. 디너는 오도블로 시작하여 시계열 방식으로 나아간다. 수프를 맑은 콘소메로 할 것인기 탁한 포타쥬로 할 것인가는 다른 요리와의 조화를 생각하여 결정한다. 생선요리는 소스로 변화를 시도하는 요리이다. 앙트레는 코스의 중심이 되는 육류요리로 수조육(獸鳥肉) 구이나 조림 등으로 농후한 맛을 지닌 요리이다. 소르베는 미각을 신선하게 하기 위해 앙트레와 로티 사이에 제공하는 셔벗이다. 로티는 수조육(獸鳥肉)의 찜으로 앙트레와는 대조적인 고기 자체의 맛을 즐길 수 있는 요리이며 샐러드와 함께 제공한다.

앙트레매는 식사의 제일 마지막을 장식하는 생과자로, 이제까지의 코스에는 없는 설탕을 중심으로 한 단맛을 풍부하게 사용하여 코드 전체의 맛을 인상에 남겨 식사를 완성시킨다. 요리의 나중에 나오는 앙트레매나 과일 등의 디저트는 그 종류나 담아 내는 방법에 노력을 기울이며, 요즘에는 치즈를 많이 첨가하고 있다. 또한 요리의 맛을 이끌어 주는 와인은 결코 빠져서는 안 되며, 식사 전이나 식사 후 술 등도 선택하여 둔다.

　캐주얼한 회합이나 식사시간, 금액에 의해 수프를 생략하거나, 육류로 할 것인가 생선으로 할 것인가, 혹은 2~3종의 요리를 한 접시에 담아서 런치식으로 할 것인가 등 조건에 따라 적당하게 바꾼다.

■■ 프랑스요리의 순서

① aperitif : 식전주나 견과류(별실에서)　　② amuse-gueale : 견과류나 카나페

③ hors-d'oeuver : 전채　　④ potage : 수프

⑤ poisson : 생선요리　　⑥ solbet : 셔벗

⑦ entree : 육요리　　⑧ roti(roast) : 가볍게 찜하고 구운 가금류요리

⑨ egumu(vegetable) : 샐러드　　⑩ entremet(dessert) : 디저트

⑪ fruit : 과일　　⑫ café(coffee) : 커피

---

5. 이탈리아요리의 메뉴

　이탈리아는 유럽제국 중에서도 오래된 역사를 지니고 있다. 한국에서는 피자나 스파게티 등의 파스타 요리를 중심으로 하여 정착되어 있다. 프리모피아또(primo piatto, 제1접시)는 파스타나 피자, 리조토 등으로 손님이 직접 움직여 그 음식을 집는데 있어서 결정적인 요소가 되는 요리이기에 가게의 특징이 드러나도록 하는 고안이 필요하다. 세컨드피아트(secondo pialto)는 어류와 조개류, 고기, 알 등의 요리로 프리모피아또와의 조화를 생각하여 선택한다. 디저트나 와인은 프랑스요리의 경우와 같이 배려한다.

> ■■ **이탈리아 요리의 순서**
> ① antipasto : 生 햄, 카나페　　　　　② primopiatto : 파스타, 리조토, 수프
> ③ secondo-piatto : main dish　　　　④ formagio : cheese
> ⑤ dolce : espresso coffee, 과일, 타르트

6. 메뉴의 crossover화

　정식 연회석자리에서는 통상 서양, 일본, 중국요리의 각 양식별 음식점을 선택하지만, 격식을 차리지 않는 식사의 경우는 손님이 자유롭게 이동하여 여러 사람들과 이야기를 나누는 입식 뷔페형식이 많아지고 있다. 뷔페에서는 요리도 술도 중국·서양식의 절충으로 제공하는 것이 일반적이며 참가자의 기호에 맞춘 요리를 선택하는 셀프 서비스로 이루어져 있다.

　메뉴는 target이 되는 대상을 정확히 파악하고 있어야 하며, 경영자의 기업경영 mind를 충분히 반영한 다음 메뉴 arrange가 필요하다. 업장의 객단가의 평균치에서 지나치게 차이가 나지 않도록 하며 조리장 내 동선과 조리 인원수를 고려하며 이루어지도록 한다.

7 chapter

1. 중국 차 문화의 시초

중국에서 가장 오래된 약서인 「신농본초경(神農本草經)」에 의하면 "신농은 백초를 맛보고 약효를 시험하여 하루에도 72회나 독을 만났으나 차(茶)를 손에 넣어 해독하였다"라고 한다.

신농은 중국의 농업의 신이자 의약의 신으로서 차를 처음 마시고 그 뒤 노(魯)나라의 주공(周公)에 이르러 널리 차를 알린 사람이다.

노비의 복무규정에 차 달이기와 시장에 가서 차 사오기, 다기씻기 등 차에 얽힌 세 가지 허드렛일에 대한 것이 있었다고 한다. 그 무렵 차는 파나 생강, 밀감껍질과 한 데 섞인 열탕으로서 일부 상류계층에서 애음되어 왔고, 위·진대 이래 과실즙이나 술과 더불어 연회상에 올라 주연 전후에 마셨다. 남북조시대(439~589)에 이르면서 다과(茶菓)라는 말이 생겨났고 귀한 손님에게 다과를 대접하는 풍습도 일어났다.

점잖은 가문에서는 예부터 신부를 맞이할 때 예물로써 용정, 철관음, 수선, 향편 등 명차를 보내는 관습이 있었다. 중국 문화의 그윽한 깊이를 다시 엿보는 참으로 부러운 풍속이다.

2. 차의 분류

중국의 차는 800종 또는 1천 종 이상이라고 한다. 차는 발효의 정도, 찻잎의 색깔에 따라서 6가지로 분류할 수 있다.

1. 녹차 - 불발효차

　茶飯事라는 말 그대로 중국에서 차가 일상적으로 애음된지는 퍽 오래다. 그 가운데서 녹차는 생산고와 소비량에서 모든 차 가운데 단연 1위이며 산지도 광범위하다. 역사적으로도 가장 오래 되어 기원전인 춘추시대부터 이미 마셔왔다고 한다.

■ 그림 7-1 ■ 녹 차

2. 청차 - 반발효차(무이암차, 대홍포, 우롱차, 철관음)

　언제부터인가 황제에게 바친 차나무를 대홍포라고 불렀다. 무이산 벼랑에 자생한 대홍포는 어느 황후가 대홍포차를 마시고는 병이 나아 그 차나무에 작위를 주었다는 말이 전해지고 있다. 예부터 황제의 전용차였다. 포란 관료가 입는 의복으로 색깔이 신분에 따라서 달랐다. 홍의는 상복이고, 청록색, 검은색(하급관리), 백의(서민)를 입었다. 갖가지 설화가 있는 대홍포는 수령 400년이 넘는 고목이지만, 그 네 그루의 나무는 옛날 그대로 언덕 경사진 곳에 건재하며, 매 해 봄마다 찻잎을 따니 차의 양이 약 800g이라 하여 그것은 품평에서 만점에 가까워 문자 그대로 최고의 명차이다. 대홍포를 보호하기 위해 그 일대는 일반인의 출입금지 구역이 되었으며 허가 없이는 잎 하나도 주울 수 없다고 한다.

■ 그림 7-2 ■ **청 차**

3. 백차 – 약발효차(백호은침, 백목단)

다른 차보다 연하고 맛이 시원스럽고 섬세하다. 생산량이 적은 귀한 차이다.

■ 그림 7-3 ■ **백 차**

4. 황차 - 약발효차(군산음침)

양이 적어 백차 이상으로 진품으로 알려진 황차는 찻잎이 아름다워 유리잔에 담아 즐긴다. 당대와 청대에 황제에게 진상되었다. 지금도 수백 kg만 산출한다고 한다.

■ 그림 7-4 ■ 황 차

5. 홍차 - 발효차

아름다운 홍색과 난꽃의 향기를 자랑하는 홍차의 원산지는 푸첸성을 비롯하여 여러 곳에서 16세기 경부터 생산되었다. 키먼의 홍차가 대표적이다.

■ 그림 7-5 ■ 홍 차

6. 흑차 - 후발효차

맛과 향이 짙으며 다른 차들과 달리 포도주처럼 오래 된 것일수록 귀히 여겨진다. 흑차는 첫 번째 열탕을 바로 버리고 반드시 두 번째 물을 끓여 마신다. 특히 기름기 많은 식사에 알맞고 건강에 좋다고 하여 근래에 인기가 높다.

■ 그림 7-6 ■ 흑 차

7. 화 차

중국은 꽃의 나라로 예부터 10대 명화에 매화, 모란, 국화, 난, 해당화, 철쭉, 산화, 연, 계수나무꽃, 수선이 뽑혔으며 매, 난, 국, 죽을 사군자로 꼽았다. 이 중 모란은 꽃의 왕이며 연꽃은 꽃의 군자였다고 한다.

■ 그림 7-7 ■ 화 차

tea piture

tea pot

tea cup

茶荷(다하)

竹茶則(죽다측)

다도세트

4. 홍 차

1. 홍차란 무엇인가?

먼저 '차(tea)'란 차나무의 어린잎이나 순을 따서 가공한 것을 말하는 것으로, 이 차나무는 북위 45도에서 남위 30도 사이에 전세계적으로 분포하고 있다. 차의 원산지는 중국 동남부, 인도의 아쌈(Assam)지역이고, 중국, 인도, 스리랑카, 일본, 아프리카, 구 소련, 남미 등지에서 주로 재배하고 있다.

차나무의 종류는 크게 중국종, 아쌈종, 캄보디아종 등으로 나뉘는데, 좋은 차는 높은 지대의 다소 찬 지역에서 재배된다. 우리나라에서 자라는 차나무(중국 소엽종)는 연평균 기온 10도 이상의 온난하고, 연평균 강우량이 1,500mm 이상의 다습한 지역에서 잘 자란다.

이와 같은 차는 발효 정도에 따라, 불(不)발효차, 반(半)발효차, 발효차, 후(後)발효차로 나뉠 수 있으며, 여기에서 홍차는 거의 다 발효시킨 '발효차'에 속하는 것이다. 이외에도 녹차는 불발효차, 백차나 오룡차는 반발효차, 흑차는 후발효차에 속한다.

홍차에 대해서는 유명한 이야기가 있다. 중국에서 녹차를 배에 싣고 가는데 적도의 뜨거운 태양열(고온)과 습기 때문에 찻잎이 발효되어 유럽에 와서 상자를 열어보니 찻잎 색깔이 까맣게 변해 있었다. 버리기 아까워서 마셔보니까 훨씬 맛이 있어 모두 이러한 차를 마시게 되었다.

그러나 중국에서는 찻잎을 따자마자 가열해서 말리기 때문에 이렇게 발효되기 어려우며 또한 홍차의 발효는 찻잎 자체의 산화효소에 의한 것이므로 이렇게 발효된 것은 곰팡이 투성이의 썩은 차가 되어서 마실 수가 없을 것이다. 찻잎에는 산화효소가 있어서 그대로 놓아두면 자연 발효가 일어난다. 중국에서는 잎을 딴 즉시 가열하여 효소를 불활성화시켜 녹차를 만들었다. 그렇지만 제조과정 중 우연히 잘못되어 발효된 차가 만들어지기도 하였다. 이러한 과정에서 우롱차 등 반발효차와 완전발효차인 홍차가 태어난 것으로 보인다.

2. 홍차 문화의 역사

(1) 16세기

16세기 대항해시대에 선교사들과 상인들이 멀리 바다를 건너 동양으로 오기 전까지는 유럽에 차가 알려지지 않았던 것 같다. 1498년 포르투갈 항해사 바스코 다 가마가 인도에 이르는 직항로를 발견하고 16세기에 마카오 거주를 허용 받는다. 이때 마카오에서 중국 사람들로부터 차와 다기에 관해 소개를 받지만 별로 흥미를 갖지 않았고 오로지 선교와 향신료(후추) 획득에만 관심을 가졌다. 그 후 일본에 도착하여 일본 무사들이 즐기고 있는 끽다(喫茶) 문화를 구경하고서 일종의 문화적 충격과 호기심을 갖게 되나 일본 권세가들의 다기 탐욕을 좀처럼 이해하지는 못한다. "낡아빠진 금이 간 찻잔 하나에 예수회 일본 지부 1년 경비에 상당하는 돈을 들이다니..." 그 후부터 동양 차나 차 문화에 많은 선교사들이 관심을 갖게 되고 이것은 곧 유럽에 전해지게 된다. 이때부터 차를 위한 문화에 매료된 시노즈와리 열풍이 일어나게 된다.

■ 그림 7-8 ■ **차를 사랑한 캐더린 왕비**

(2) 17세기

유럽에는 17세기(1610년 경이 일반적인 통설이다)에 이르러 비로소 차가 유럽에 전해졌다. 당시 바다를 주름잡던 포르투갈과 네덜란드 상인이 중국에서 수입한 것이 시초이다. 처음에는 음료보다는 만병통치약으로 소개되었다. 이 무렵 차는 대단한 귀중품이어서 네덜란드 '연합 동인도회사'의 살롱 가운데서도 가장 호화스러웠던 암스테르담 살롱

■ 그림 7-9 ■ **콘티공의 다회**

18세기에는 프랑스에서도 다회를 즐겼다.

에서만 제공되었다고 한다. 이렇게 차는 왕후와 귀족들이 마시기 시작한 후 차츰 상류층으로 번져간다. 유럽에 건너간 차는 17세기 중엽(1630년)부터 프랑스, 독일, 영국으로 확산되어 간다. 1600년대 영국도 '동인도회사'를 설립하여 동방무역에 진출하지만 성과는 신통치 못하였고, 네덜란드와 포르투갈의 궁정에서 시작된 차를 마시는 관습은 17세기 중엽 네덜란드에서 자란 찰스 2세와 포르투갈에서 온 캐더린 왕비가 영국 궁정에 차를 소개하면서 영국에 끽다 문화의 씨를 뿌린다. 캐더린은 지참금으로 포르투갈 영토인 인도와 대량의 설탕을 가져오면서 대영제국 홍차 생산하는 발판을 마련하게 하고 동양의 귀중한 차에다가 또 하나의 진귀품(설탕)을 넣어 먹는 영국식 사치스런 홍차 문화를 형성하게 된다.

(3) 18세기

18세기 이름난 미식가로 알려진 앤 여왕은 아침식사에 반드시 차를 곁들임은 물론이고 하루에도 몇 번씩 차를 마시고 윈저성의 응접실에는 차실을 따로 마련하여 궁정다회를 자주 열었다고 한다. 동인도회사의 차 무역 독점이 궤도에 오르면서 차의 수입이 증가하고 귀족과 상류층에서는 여왕의 생활방식을 모방하는 것이 유행되어 은으로 만든 차 도구세트를 갖추어 차를 즐기는 것이 마치 스테이터스의 심볼인양 생각하여 그 마련에 열을 올렸다고 한다.

(4) 19세기

차가 영국의 왕실이나 일부 귀족들의 기호품으로 애용되면서 좋은 차를 싸게 구입하

고자 하는 영국인들의 열망은 강해진다. 이
런 즈음 영국 동인도회사가 중국으로부터
차를 대량 직수입하고 관세를 인하함으로써
어느 정도 해결하였으나, 산업혁명의 성공
에 따른 중산층의 형성과 그들의 전반적인
생활수준의 향상은 차의 수요를 더 빨리 증
가시켜 관세 인하도 근본 해결책이 되지 못
하게 되었다. 이와 같은 배경에서 나온 제
안이 바로 식민지 인도에서의 홍차의 개
발·생산과 그 수입안 이었다. 1823년 식물

■ 그림 7-10 ■ **18세기 차마시는 정경**

학자 로버트 브루스 소령이 아삼지방에서 야생차나무를 발견하고 시행착오를 거친 뒤 인
도에서의 홍차 생산이 본격화된다(빅토리아여왕이 즉위한 직후의 일이다).

중국의 차 산업은 역사가 길어 그만큼 차나무가 오래되어 생산성이 떨어지고 혼종이
많아 맛도 일정하지 않음에 반해 아삼티는 당시 선진과학기술을 이용하여 품질의 안정,
생산코스트의 인하, 가공공정의 기계화를 통한 품질향상에 노력하여 더 좋은 홍차를 싼
값으로 공급하는 일을 가능케 하였다. 그러한 결과 홍차는 서민들도 마시는 음료가 되었
다. 게다가 영국의 공장주들은 노동자들이 술을 마시고 곤드레가 되는 것보다는 차를 마
시고 열심히 일하기를 바래 끽다를 정책적으로 권장하였다.

이리하여 19세기 후반 영국의 국민적인 음료로써 홍차가 정착하게 된다.

1721년에는 드디어 네덜란드를 누르고 영국의 동인도회사가 차 수입의 주도권을 잡게
되었다. 이 당시에는 아직 홍차가 없었고 녹차에 우유나 설탕을 타서 마셨다.

영국의 차에 대한 세금이 18세기 중엽에는 119%에 달하였다. 이러한 무리한 관세는
자연스레 밀수가 성행하게 하였다. 대단히 이윤이 높았으므로 농부, 상인, 정치가, 심지
어는 종교 관계자까지 끼어 들게 되었다. 네덜란드와 스칸디나비아반도에서 몰래 들여온
차는 전국 각지로 밀수조직의 지하통로를 따라 유통되었다. 밀수 뿐 아니라 위조도 성행

■ 그림 7-11 ■ 보스톤 다회사건

하였다. 차에다가 마시고 남은 차 찌꺼기 뿐 아니라 버드나무나 감초잎으로 만든 가짜 차나 심지어는 재와 양의 똥을 섞어 만든 것까지 섞어서 만들었다.

물론 관계법령을 제정하여 여러 차례 금지되었지만 엄청난 이윤이 보장되어있는 한 사라질 리가 없었다. 1784년 윌리엄 피트가 차에 대한 세금을 119%에서 12.5%로 내릴 때까지 밀수는 계속되었다. 위조는 1875년에 식품 및 의약품 조례에 의하여 엄한 법이 적용되고 나서야 비로소 사라지게 되었다. 제국주의 시대에 이르러 차는 국제전쟁의 원인이 되기도 했다. 신대륙 사람들은 영국인과 마찬가지로 차를 무척 좋아했다. 그렇지만 영국이 어려운 경제를 메우기 위하여 신대륙으로 가는 차에 무거운 세금을 부과하자 차 불매운동이 일어났다. 급기야 차 상자를 바다에 집어 던지며 마침내 독립전쟁의 원인을 제공한 셈이 되었다(보스톤 다회사건 : 1773년). 이 이후로 미국인은 차 대신 커피를 마시게 되었다. 그렇지만 실용주의가 발달한 미국인들은 차의 상업성에 편승, 나중에 최초로 TEA CLIPPER(고속범선)를 만들어 차 무역에 혁명을 일으키게 되었다.

중국과 차 무역을 하는데 있어서 장애물은 비단 언어뿐만이 아니었다. 차 대금으로 해마다 엄청난 돈이 영국에서 중국으로 흘러 들어갔고, 또한 각종 골동품의 유입 등으로 심각한 무역 역조현상이 나타나게 되었다.

영국은 궁여지책으로 인도에서 아편을 싸게 재배해서 중국에 몰래 팔아 이를 보상하려 하였다. 이에 중국정부는 아편을 금지하게 되었고 영국은 이를 빌미로 아편전쟁(1840년)을 일으키게 되었다.

19세기 중엽까지는 영국인들조차 차보다는 커피를 훨씬 많이 마셨다. 아마도 영국은 정부에서 정책적으로 커피에서 홍차로 국민들의 기호를 유도한 것으로 보인다. 미국은 보스톤 다회사건 이후 차에 대한 감정이 좋지 않게 되면서 커피로 바뀐 것이 아닌가 생

각된다. 게다가 중국에서 수입된 차는 녹차이므로 유럽인들이 처음 마신 차는 녹차나 약
간 발효된 녹차에 설탕이나 우유를 넣은 것이었다. 홍차가 본격적으로 나오게 된 것은
19세기의 일이다.

3. tea table planning

■ 그림 7-12 ■ **Plate stand setling**

- Tea Cup & Saucer
- Plate stand : 과자, 과일, 샌드위치
- Tea Spoon, Cake Fork
- Tea pot
- Hot water jug
- Suger & Creamer
- Tea strainer(거름망)
- Tea jar(1인분씩 계량하는 것) : 홍차스푼은 커피보다 큼
- 트레이(쟁반)
- 모레시계(우려내는 시간 측정) : 일반 차는 3분, 홍차는 잎이 커서 5분

■■ **티 스타일의 테이블 세팅 기본**

포멀한 경우나 캐주얼한 경우도 티 테이블에 레이스나 자수가 놓여져 있는 클로스를 덮으며, 좌석 앞 정
면에 케이크를 놓고, 그 오른쪽 위에 티 컵과 접시를 세트하고, 중앙에 과자를 담은 접시를 놓는다. 자그
만 하고 엘레강스한 냅킨(캐주얼의 경우는 페이퍼 냅킨도 좋다)을 케이크 위에 세트한다. 티포트, 핫 워
터포트, 포트스탠드, 슈가볼, 밀크주전자, 티 스트레이너 등의 차 준비는 사이드 테이블이나 요리를 나르
는 손수레에, 과자 종류는 티 테이블에 놓으면 서비스하기 쉽다. 스푼은 컵과 함께 놓고, 나이프 · 포크는
과자의 가까운 곳에 티 냅킨과 함께 놓는다.

●Tea party Time

① Early morning : 트레이에 Tea Setting하여 아침을 시작한다. 산업혁명 이후에 발전하였다. 아침 입맛이 없어서 Tea로 잠 깨우려고 마시던 것으로, 남편이 부인한테 서빙하던 것에서 시작되었고, 지금도 기념일에는 행해진다고 한다.

② Breakfast : 아침식사에 마시는 Tea(미국에서는 커피), 빵, 베이컨, 달걀로 구성되어진 아침식사

③ Elevenes : 11경에 마시는(가든정리 시, 또는 회사에서) 차로 Tea랩이라는 직업이 따로 있으며, 왜건에 준비해서 마시는 차로 주로 정원에 준비한다.

④ Lunch : 점심에 마시는 차로 차 자체가 너무 진하면 안 된다.

⑤ Afternoon : 가장 유명한 티타임 가장 영국다운 티 문화이다. 유명호텔에서는 대부분 행해지고 있고 Tea house 등도 있다.

⑥ Dark Afternoon, High tea : 캐주얼한 파티로 식당에서(High) 하는 파티이며, 북아일랜드 및 스코틀랜드 시골에서 시작되었다고 한다. 음료수(샴페인), 조금 단 와인, 햄, 치즈, 소시지, 또는 고기, 케이크, 과자, 샐러드 등의 메뉴로 즐기는 Tea Party이다.

⑦ Dinner : 저녁식사에 즐기는 Tea

⑧ After Dinner : 식사 후에 손님과의 대화를 위한 Tea

차 이외에 달콤한 쿠키나 포트와인, 브랜디종류도 첨가가 가능하다.

세계적으로 유명한 Tea Party는 Afternoon, High tea party가 있다.

■■ **티파티의 기본 기획**

① 목적과 테마	⑤ 테이블 클로스와 식기
② 계절, 시간, 장소	⑥ 센터피스
③ 연출할 테이블 이미지	⑦ 커트러리와 휘겨먼트
④ 메뉴와 식기	

4. 영국 홍차 문화의 특징

1) 일상성

하루에 몇 번이고 마심으로써 문자 그대로 다반사가 된 일상성

① early morning tea(bed tea) : 갈증해소, 수분보급, 졸음을 막는다(생리적).

남편이 아내에게 서비스한다(정서적).

② breakfast tea : 수분보급, 음식이 잘 넘어가게 한다. 소화촉진, 신진대사 원활

③ morning tea(elevenses) : 기분전환, 리플래쉬

④ lunch

⑤ midday tea break(4시 경 휴식 때의 차) : 기분전환, 리플래쉬

⑥ afternoon tea(low tea) : 휴식, 접대, 여유, 커뮤니케이션, 단란

⑦ high tea(서민들의 저녁식사 때의 티) : 수분보급, 소화촉진, 신진대사 원활

⑧ after dinner tea : 휴식, 온화, 편안, 여유, 단란, 사랑

2) 넉넉함

영국 음다법의 특징으로 잔 가득히 채운 밀크티를 한꺼번에 으레 두세 잔은 마셔야 성이 풀리는 넉넉함이 있다. 손님에게 한 잔의 차를 내놓는 것은 큰 실례로 여긴다.

3) 실용성

아무리 육식을 많이 하는 영국 사람이라고 하더라도 시도 때도 없이 홍차를 스트레이트로 마신다면 위가 견디어 낼 수 없을 것이다. 우유를 듬뿍 넣어 마시는 실제적인 실용성을 중시하였다.

4) 우아한 분위기

Afternoon tea에 사람을 초청하는 일은 일종의 우정의 표현이다. 차를 함께 나눈다

는 것은 형식적인 관계에 머무는 것이 아니고 친밀한 우정의 교환을 의미한다. 지적인 교류, 사교적인 기회를 가지며 미적 감상을 차 생활 속에서 실현코자 하는 탐미심을 갖고 있다.

5. tea manner

1) 회화의 매너

예술과 관계 있는 이야기를 주로 하는 것이 좋고, 사람에 관한 이야기, 자기 자랑, 정치, 종교 이야기는 하지 않는 것이 좋다.

2) 컵과 접시의 이용

Dinning table : high tea table일 경우에는 컵만 손으로 든다.

Living room : 접시(왼손)와 컵(오른손)을 같이 든다.

3) 케이크 스탠드

Afternoon tea 테이블에서 케이크 스탠드는 감상을 위한 목적으로 있다. 원래 formal한 것은 아니고 상업부스에서 좁은 공간의 단점을 해결하기 위해서 고안된 것이었다. 기본적으로는 하단에는 샌드위치, 중간단에는 스콘, 윗단에는 핑거푸드나 쿠키를 놓는다.

4) 티 메뉴

핑거샌드위치, 스콘, whole cake 등이 좋다.

■ 그림 7-13 ■ **tea table planning**

FOOD
styling
푸드 스타일링

　그릇담기는 가장 마지막에 하는 작업으로서 요리를 집기 쉽고, 먹기 쉽게, 그릇과의 밸런스를 생각하면서 배치하는 것이다. 단순히 맛만 가지고 이루어지는 것은 아니며 시각적인 미에 의해서 좌우된다고 볼 수 있다. 아름답게 담아진 요리는 먹는 사람의 눈을 즐겁게 해주며 식욕을 불러일으킨다. 요리는 식공간에서 5%의 색면적을 차지하고 있지만 요리가 담긴 그릇은 식탁의 30% 정도를 차지한다고 한다. 그만큼 그릇담기와 배치는 식탁의 주역으로서 요리를 효과적으로 담는다는 것이 중요한 업무로 자리잡게 된 것이다.

요리와 그릇의 관계

1. 풍토(風土)

　요리는 그 지방의 지형, 계절에 따라 생산되는 식재료가 다르게 사용되어 만들어진다. 같은 식재료이지만 지방 또는 나라에 따라 생산되는 시기, 양, 조리 방법, 먹는 방법, 맛있겠다라는 느낌이 다르다. 그러므로 어떤 식재가 어떤 그릇에 어울리는가에 대한 기본적인 지식이 요구되며 향토음식이나 토속품에 대한 주의깊은 선택이 필요하겠다.

2. 풍미(風味)

　식재를 어떻게 조리하고 조미를 어떻게 하느냐에 따라서 그릇은 달라진다. 요리를 그릇에 담을 때는 ① 먹기 쉽게 얹고, ② 아름답고 먹음직스럽게 보이도록 놓으며, ③ 전통을 이어갈 어린이들에게 감동을 줄 수 있는 그릇담기인지를 고려해야 한다고 한다. 그릇

담기 시에는 그릇의 형태, 크기, 색, 소재 등을 생각하며 음식을 놓아야 한다. 요리의 색만
이 아닌 향기까지 고려하며 그릇담기를 한다면 최고의 푸드 스타일리스트가 아닐까 싶다.

3. 풍류(風流)

계절이나 문화를 표현하는 소재, 형태, 그릇의 그림을 이용하여 요리를 담는다면 요리
에 대한 식욕은 더욱 증대하게 된다. 그릇담기는 푸드 코디네이터가 가져야 할 호스피탈
리티의 정신으로서 사람 앞에 음식이 담긴 그릇을 놓을 때마다 감동을 느낄 수 있도록 멋
과 즐거움을 동시에 표현한다면 또 하나의 엔터테인먼트적인 요소가 되지 않을까 싶다.

2. 한국요리의 그릇담기

색은 가시적인 현상일 뿐 아니라 관념적인 것으로 동서양 모두에서 우주적 철학 사상
과 결합하여 전개되어 왔다. 동양적 우주관을 이해하는 데 중요한 중국의 음양오행 사상
은 한국에서 전통적으로 색채를 사용하는 방식과 관념에 큰 영향을 주었다. 기계론적 세
계관에 바탕을 둔 서양의 색채체계의 기본은 빛의 파장의 차이(빨, 주, 노, 초, 파, 남,
보)에 따라 시계 방향으로 구성되지만, 한국의 전통 색채체계는 화, 토, 금, 수, 목에 해
당하는 적, 황, 백, 흑, 청으로 음양오행의 원리에 따라 구성된다.
南·上·前 － 赤, 중앙 － 黃, 西·右－ 白, 北·後·下－ 黑, 東·左 － 靑을 이루는 오
방색 체계가 된다. 이런 음양오행 사상은 음식 문화에 반영되어 우리나라 사람들은 미적
감각에 의한 배색보다는 의미 중심으로 배색을 하는 경향이 있다.

1. 한국 전통상차림이 색채의 특징에 영향을 미치는 요인

① 재료의 면적을 작게 채썰거나 다지는 음식이 많아 색의 순도가 떨어지며, 색이 선명하게 표출되지 않고 먹기 위해 버무렸을 때 어수선하게 보이는 경향이 있다.

② 가열을 오래한 찌개나 국, 김치나 젓갈과 같은 발효음식이 많아 상차림의 채도가 낮게 인식된다. 원래의 색을 살리지 못하고 무채색으로 인식되며 전통상차림에는 순색이 거의 사용되지 않았다. 이는 한국 고유의 장을 사용한 점과 발효하는 과정에 색이 바래거나 탁해지기 때문이다.

③ 한국 전통상차림에는 색이 한꺼번에 등장한다. 좁은 면적에 거의 여백없이 차려 화려한 느낌은 줄 수 있으나 자칫 산만해지기 쉽다.

2. 한식 상차림의 색의 변형과 마케팅

색채의 공감각적 특성이며 정형화된 것이 아니므로 어떤 그릇, 즉 어떤 지각공간에 담느냐에 따라서 전혀 다른 분위기가 되고 다양한 이미지를 전달한다.

① 식기는 음식을 담는 기능과 함께 상을 장식하는 역할을 한다. 식기는 소재, 색채, 크기, 중량이라는 조형의 기본요소를 종합적으로 갖고 있으며 손에 닿는 감촉, 온도, 소리, 입술에 닿는 느낌 등 감각적인 요소도 구비하고 있다. 음식은 어떤 분위기로 연출되는가가 중요하다. 따라서 한식을 반상기에만 담는 것보다는 다양한 형태의 소재로 만들어진 식기를 이용하여 변화를 꾀하는 것이 한식의 형태와 배색을 새롭게 하는 방법이다.

② 전통상차림에서 사용하는 오방색은 정해진 색으로 일정한 면적비로 구성되어 있어 단조로운 인상을 주기 쉽다. 그래서 오방색을 기초로 하되 다양한 색의 면적비를 시도하여 새로운 색상대비를 하면 획일적이고 전형적인 한식의 배색을 탈피하여 다양하게 연출이 가능할 것이다.

3. 일본요리 그릇담기

그릇담기는 이렇게 해야한다는 정석은 정해져 있지 않지만 일본요리의 특징이나 약속을 이해해본다면 일본요리에서는 계절감을 표현해 내는 것이 가장 중요하다. 그래서 식재가 가지고 있는 맛, 그릇의 재질과 그릇이 가지고 있는 문양을 이용하여 최대한 계절감을 살리려고 한다.

일본요리를 그릇에 담을 때는 엄밀하게 지켜야 할 규범이 정해진 것은 아니지만, 일본요리의 특징이나 문화적 특성을 고려해가면서 놓는 것이 중요하겠다. 일본요리는 특히 계절감을 중요시한다. 식재료가 가지고 있는 원래의 맛과 도자기의 아름다움(재질, 문양, 계절감)을 동시에 고려하면서 만들어진 요리를 그릇에 담아서 표현하는 것은 아주 중요하다.

그러므로 요리에 맞는 그릇을 선택하는 것이 가장 중요하다. 예를 들어, 섬세한 요리를 호쾌한 토기그릇에 놓는다면 요리는 살려지지 않을 것이다. 또한 시골스런 토박한 요리를 화려한 자기에 놓으면 요리는 빛나지 않을 것이다. 그러나 반대로 자연스런 요리를 토기에 담고 섬세한 요리를 화려한 자기에 담는다면 요리는 오히려 살아나게 될 것이다. 아름다운 그릇담기는 요리와 그릇이 알맞게 조화를 만들어 낸 것이다. 그릇담기는 그릇 가득 요리를 담는 것이 아니고 그릇의 중심에 적당한 공간(여백)을 만들어 요리의 분량과 그릇의 크기가 조화를 이룰 수 있도록 만드는 작업이다. 대체적으로 여백을 돋보이려고 계절감이나 액선트를 첨가하는데, 이를 위해 소나무, 국화, 가는 대나무의 잎을 이용한다.

요리의 수에 의해 몇 개의 식기를 사용해야 되는 경우 소재, 크기, 형, 색 등의 분위기가 다른 것들이 어루어진다면 구성의 변화에 있어서는 좋겠지만 전체적인 분위기나 격식을 무너뜨릴 수 있으므로 주의해야 한다. 몇 종류의 요리를 담을 때는 3종류, 5종류 등 기수로 놓을 수 있도록 할 것이며, 8종류는 축하할 경우에만 사용하도록 한다.

그릇을 놓을 때는 그릇의 정면이 보이도록 배치한다. 생선모양을 한 그릇은 머리가, 잎모양을 한 그릇은 잎의 앞부분이, 조개모양을 한 그릇이나 소라형 그릇은 감긴 부분의 앞

■ 그림 1 ■ 튀김 놓는 법

■ 그림 2 ■ 생선회 놓는 법

■ 그림 3 ■ 김초밥 놓는 법

이 왼쪽을 향하게 한다. 또한 편 부채는 손잡이가 밑을 향하게 하고 반쯤 펼쳐진 부채는 손잡이가 오른쪽으로 향하게 하며, 접힌 것은 부챗살쪽이 왼쪽으로 가게 한 다음 손 앞에 놓는다.

1. 일본요리의 그릇담기의 실제

● 그릇담기의 기본형

· 산수모리 : 울창한 숲이나 작은 산모양을 나타내면서 모리쯔께, 밥을 담을 때 주로 사용하는 방법이다.

· 카사네모리 : 요리를 그릇에 순서대로 겹쳐가면서 반복하여 놓는 방법으로 사시미나 구운 생선 등을 놓을 때 사용하는 방법이다.

· 산수모리 : 뒤쪽은 높게, 손 앞쪽은 낮게, 왼쪽을 향해서는 높게, 오른쪽을 향해서는 낮게 하여, 산이나 강 등의 자연적인 감각이 흘러나오는 듯한 입체감을 표현하는 것으로 사시미가 대표적이다.

· 요세모리 : 2, 3종의 요리를 하나의 그릇에 놓을 때 모이게 놓는 방법이다. 주역이 되는 요리와 조역이 되는 요리를 생각해 가면서 요리를 놓아야 한다. 동물성 식재료, 맛이 진하고 색이 강한 것은 주로 주역이 되는 요리이며, 식물성 식재료, 맛이 연하고 색이 은은한 것들은 조역으로서 주역요리는 주로 그릇의 왼쪽 부분, 손 앞에 놓고, 조역요리는 오른쪽 부분의 뒤쪽에 놓는다. 주역요리가 조역요리보다 많을 경우에는 그 반대를 취하기도 한다 (2종).

· 찌라시모리 : 오른쪽 뒤쪽에 그릇을 놓을 때는 약간 중앙에서 빗나가게 놓으며 입체
감을 느낄 수 있도록 그릇을 배치한다. 보았을 때 안정감을 느낄 수 있는 구도를 선
택할 수 있도록 하며, 각 접시마다 놓을 때도 변화를 주어 음식을 놓는다. 주역 접시
의 그릇에 담는 요리는 모아서 담아 주고 주역과 조역의 음식의 분량에도 차이를 두
어서 놓도록 한다.

2. 곡선과 직선의 조화

일본은 사계절의 변화와 산, 강 등의 아름다운 자연환경을 이루고 있는 나라이다. 그
렇기 때문에 일본인은 서양인들처럼 좌우대칭의 균형을 아름답다고 보지 않고 비대칭의
언밸런스의 감성을 갖고 있다. 요리를 담을 때도 각형의 식기에는 둥근모양의 것, 둥근
형의 식기에는 직선적인 요리를 얹는 등 요리와 그릇의 곡선과 직선을 자유롭게 맞추어
가면서 공간미를 연출하는 아름다움을 강조한다.

3. 먹기 쉽게 그릇담기

한 개의 그릇에 3종류, 5종류의 요리를 담을 경우에는 그릇의 모양에 맞게, 요리를 향
해 젓가락을 들기 쉽게, 그리고 집기 어려운 요리는 몸과 손 가까이 놓아 먹기 쉽게 한다.

4. 그릇담기와 색채

눈으로 먹는다는 말이 있는 일본요리에는 그릇담기의 색채도 중요한 역할을 한다. 식
재가 가지고 있는 적색, 황색, 녹색, 흑색, 백색의 오색을 특히 조화롭게 담아야 아름답
게 완성될 것이다. 이때는 계절이나 행사의 특성을 잃지 않는 것도 아주 중요하다.

고추장 멸치볶음

멸치_50g
감자_2개
간장_1큰술
고추장_2큰술
물엿_1큰술
통깨 약간
다진 마늘
맛술

1. 멸치는 내장을 빼고 머리를 따서 준비해둔다.
2. 감자는 껍질을 벗겨 2×2cm 크기로 잘라 삶아서 준비해둔다.
3. 팬에 고추장, 간장, 다진 마늘, 맛술을 넣어 끓인 다음 멸치를 넣고 볶은 후 감자를 넣어 섞어준다.
4. 마지막에 물엿을 넣고 섞은 후 통깨를 뿌려 마무리한다.

※ 멸치볶음의 윤기있는 Sizzle, 통깨와 음식과의 조화를 주의한다.

▲고추장 멸치볶음

멸치볶음

멸치_50g

청 · 홍고추_각 1개씩

마늘_2개

간장_6큰술

소금_약간

물엿_2큰술

맛술_1큰술

통깨 약간

1. 멸치는 내장을 제거하고 머리를 따서 준비해둔다.
2. 마늘은 편으로 썰어두고 청 · 홍고추의 씨를 제거하여 채 썰어 준비해둔다.
3. 팬에 기름을 두르고 마늘을 넣어 볶다가 멸치를 넣고 볶아준다.
4. 채 썰어둔 청 · 홍고추를 넣고 간장, 소금, 물엿, 맛술을 넣어 조린 후 통깨를 뿌려 마무리한다.

※ 부재료들의 색감에 주의한다.

▲멸치볶음

해초 주먹밥

해초_50g
쌀밥_600g
검정깨_20g
소금 약간
참기름 약간

1. 건조된 해초는 미지근한 물에 불린 후 물기를 제거하여 준비해둔다.
2. 쌀밥에 소금, 참기름, 검정 깨를 넣어 섞은 후 불린 해초를 넣고 고루 잘 섞는다.
3. 해초가 잘 어우러진 밥을 주먹크기로 분할하여 삼각모양으로 만든다.

※ 밥의 질감이 살아있도록 연출한다.

▲ 해초 주먹밥

해초 비빔밥

해초_50g

쇠고기_80g

표고버섯_2장

오이_1개

당근_1개

달걀_2개

쌀_4컵

고추장, 간장, 참기름, 소금, 설탕

후추, 청주, 다진 파, 마늘, 다진 깨

1. 건조된 해초는 미지근한 물에 불린 후 물기를 제거하여 소금, 참기름, 깨, 마늘을 넣어 버무려서 준비해둔다.
2. 쇠고기는 채썬 뒤 갖은 양념하여 볶아낸다.
3. 표고버섯은 미지근한 물에 불려 채썬 뒤 갖은 양념을 하여 볶아낸다.
4. 오이는 돌려깎기를 한 다음 채 썰어 소금에 살짝 절였다가 물기를 제거하고 달군 팬에 파랗게 볶아낸다.
5. 당근은 채 썰어 볶아낸다.
6. 달걀은 황백으로 나누어 체에 내린 후 지단으로 지져서 채 썰어 준비해둔다.
7. 비빔밥 그릇에 쌀밥을 담고 가운데로 해초를 올린 후 주위에 남은 재료들을 조화 있게 돌려 담아 고추장과 함께 곁들여 낸다.

※ 첨가물들을 얇고, 가늘고, 규칙적으로 채 썰도록 한다.

▲해초 비빔밥

두부 샐러드

두부_1모
해초_30g
소금, 참기름, 다진 깨, 다진 마늘 약간씩

1. 두부는 끓는 물에 데쳐서 알맞은 크기로 잘라 준비해둔다.
2. 해초는 미지근한 물에 불려 물기를 제거한 뒤 소금, 참기름, 깨, 마늘을 넣고 버무려 누부 위에 올려 그릇에 담아낸다.

▲두부 샐러드

떡갈비

쇠갈비살 다진 것_1kg
배즙_3큰술
설탕_3큰술
참기름_2큰술

〈양념장〉
간장_6큰술
마늘 다진 것_2큰술
파 다진 것_5큰술
후춧가루

1. 쇠고기 다진 것은 배즙을 넣고 섞어 30분쯤 두었다가 마른 면 보자기에 넓게 펴서 핏물을 뺀다.
2. 쇠고기에 핏물 뺀 것에 설탕과 참기름을 넣고 버무린다.
3. 큰 볼에 양념장 재료를 넣고 고루 저어서 섞은 다음 2번의 소고기를 넣고 치대듯이 오래 섞는다.
4. 고기를 알맞은 크기로 분할한 후 2cm 두께로 둥글게 만든다.
5. 팬을 달궈 식용유를 약간 두르고 센불에서 중불로 뚜껑을 덮어서 속까지 익혀준다.

※ 고기의 사삭틀을 잡은 뒤, 익은 느낌이 나도록 연출한다.

▲떡갈비

해초_50g
관자살_60g
우렁_60g
오징어_1마리
새우_6마리

1. 건조된 해초는 미지근한 물에 불려서 물기를 제거하여 준비해둔다.
2. 오징어는 내장과 껍질을 제거하여 내장이 있던 안쪽 부분에 칼집을 사선으로 넣고 2×6cm 크기로 잘라 데쳐낸다.
3. 새우는 내장과 껍질을 제거하여 데쳐낸다.
4. 관자살, 우렁은 데쳐서 알맞은 크기로 잘라 준비해둔다.
5. 준비된 해초와 해산물을 혼합하여 드레싱을 넣어 버무려 낸다.

※ 오징어에 칼집을 잘 넣고 새우의 크기에 유의한다.

▲Sea food 샐러드

밀전병 쌈

해초_50g
밀가루_3큰술
찹쌀가루_1큰술
소금, 참기름, 다진 깨, 마늘

1. 건조된 해초는 미지근한 물에 불려서 물기를 제거하여 소금, 참기름, 다진 깨, 마늘을 넣고 버무려 준비해둔다.
2. 밀가루 : 찹쌀가루 : 물＝3 : 1 : 4의 비율로 잘 섞어준 뒤 체에 내려서 덩어리지지 않게 준비한다. 팬을 달구어 지름 6cm 정도의 둥근 모양으로 얇게 지져낸다.
3. 그릇의 중앙에 밀전병을 놓고 그 주위로 빙 둘러 각각 색의 조화에 맞게 담아낸다.

▲ 밀전병 쌈

냉 국

해초_50g

청 · 홍고추_각 1개씩

당근_1/2개

설탕_1큰술

식초_1큰술

물_3컵

소금_약간

마늘 즙_약간

얼음

1. 건조된 해초는 불려서 준비해둔다.
2. 당근은 채썰기를 하고 청 · 홍고추는 어슷썰기를 하여 준비해둔다.
3. 냉국은 생수에 설탕, 식초, 마늘 즙, 소금을 넣어 섞어 차게 둔다.
4. 준비된 그릇에 해초, 채 썰어둔 당근, 청 · 홍고추를 담고 냉국을 부어 얼음을 띄워낸다.

※ 국물이 반사되지 않도록 한다.

▲냉 국

잔치국수

소면_60g

쇠고기_30g

표고버섯_15g

오이_30g

달걀_1개

무순_약간

멸치육수_2컵

진간장_1/4큰술

설탕_1/4큰술

다진 마늘_1/4큰술

다진 파_1/2큰술

청주, 다진 깨, 참기름

소금, 후추

1. 쇠고기는 5～6cm 길이로 채 썰어 갖은 양념하여 볶아낸다.

2. 표고버섯은 채 썰어 갖은 양념하여 볶아낸다.

3. 오이는 5cm 길이로 잘라 돌려깎기하여 채를 썰어 소금에 절였다가 물기를 제거하여 파랗게 볶아낸다.

4. 달걀은 황백 지단을 지져서 채 썰어 준비해둔다.

5. 냄비의 물이 끓어오르면 국수를 넣어 삶다가 거품이 나면서 끓으면 재빨리 찬물을 두 번 정도 나누어 붓고 지어가면서 삶아준다. 국수가 익으면 재빨리 찬물에서 비벼가며 헹구어 말아서 그릇에 담는다.

6. 담은 국수 위에 준비해둔 재료들을 보기 좋게 얹은 다음 육수를 부어낸다.

▲잔치국수

Fresh 샐러드

달걀_2개

양상추_3장

토마토_1개

오이_1개

단호박_1/4개

비트_1/8개

래디오치_5장

드레싱

1. 달걀은 삶아 껍질을 벗겨 한입 크기로 잘라 준비해둔다.
2. 양상추, 래디오치는 씻어 한입 크기로 뜯어서 물기를 제거하여 준비해둔다.
3. 토마토는 8등분을 하여 잘라준다.
4. 단호박은 3~4cm길이로 잘라 모서리를 정리하여 노랗게 데쳐 낸다.
5. 오이는 2×4cm 길이로 잘라 씨를 제거하여 준비해둔다.
6. 비트는 채 썰어 준비한다.
7. 준비된 재료에 드레싱을 넣고 잘 혼합하여 그릇에 담아낸다.

▲Fresh 샐러드

짜장덮밥

쇠고기_60g

브로콜리_100g

콜리플라워_100g

완두콩_20g

쌀밥_200g

양파_1/2개

당근_1/2개

감자_1개

춘장_6큰술

육수_1큰술

물 녹말_약간

1. 쇠고기는 2×2cm 크기로 잘라 소금, 후추로 밑간 하여 준비해둔다.

2. 감자, 당근은 2×2cm 크기로 잘라 모서리 정리를 하여 뜨거운 물에 살짝 데쳐낸다.

3. 브로콜리, 콜리플라워는 알맞은 크기로 잘라 소금물에 데쳐 준비해둔다.

4. 양파는 2×2cm 크기로 잘라 준비해둔다.

5. 뜨겁게 달군 팬에 식용유를 두른 뒤 밑간 해둔 쇠고기를 볶다가 감자, 당근, 양파를 넣고 볶는다.

6. 재료들이 어느 정도 익으면 춘장을 넣고 한 번 더 볶아 준다.

7. 쇠고기, 채소, 춘장이 잘 볶아졌으면 육수를 붓고, 끓어 오르면 브로콜리, 콜리플라워, 완두콩을 넣은 다음 물 녹말을 풀어 한소끔 끓여 밥 위에 끼얹는다.

▲짜장덮밥

우유_100g
커피_50g
계피가루 약간

1. 찬 우유를 냄비에 붓고 중불로 끓인다.
2. 우유가 미지근해지면 거품기로 힘있게 거품을 낸다.
3. 우려낸 커피를 컵에 붓고 거품을 낸 우유를 스푼을
   이용해서 띄우고 그 위에 계피 슈거를 뿌려준다.

▲향원당 Foodcoordinate school 1기. 김미진 作

돈까스 덮밥

돼지고기_600g
양배추_1/4개
쌀밥_200g
소금, 후추 약간

1. 돼지고기는 손바닥만한 크기에 1cm 두께로 도톰하게
   포를 뜨고 칼끝으로 군데군데 잔칼집을 넣어 소금, 후
   추로 밑간 하여 준비한다.
2. 양배추는 1cm 두께로 채 썰어 달군 팬에 식용유를 두
   르고 소금간 하여 재빨리 볶아낸다.
3. 밑간 해둔 고기에 밀가루, 달걀, 빵가루 순서대로 옷
   을 입혀 160~180℃ 기름에서 앞뒤로 노릇하게 2번 튀
   겨 먹기 좋은 크기로 썰어 쌀밥 위에 올리고 볶은 양
   배추도 곁들여 낸다.

▲향원당 Foodcoordinate school 1기, 김현민 作

밀가루_1½컵(소금 1작은술, 물 5큰술)

다진 돼지고기_150g

두부_1모

부추_200g

다진 파_2작은술

다진 마늘_1작은술

후추, 깨소금 약간

참기름, 소금 약간

1. 밀가루에 소금과 물을 조금씩 부어가며 반죽한 뒤 비닐 팩에 담아 30분 정도 둔다.
2. 두부는 물기를 제거한 후 으깨어 준비해둔다.
3. 부추는 송송 썰어 준비해둔다.
4. 준비된 두부, 돼지고기, 부추, 다진 파, 다진 마늘을 골고루 잘 혼합하고 소금, 후추, 깨소금, 참기름으로 양념하여 준비해둔다.
5. 밀가루 반죽은 지름 6cm 정도의 둥근 모양으로 얇게 밀어 만두소를 넣어 해삼 모양으로 만두를 빚는다.
6. 찜솥에 물이 끓으면 만두를 쪄낸다.

▲향원당 Foodcoordinate school 1기, 김봉순 作

흰쌀_2컵

흑미_1컵

새우살_200g

청 · 홍 피망 _각 1/2개씩

양파_1/2개

완두콩_100g

다진 마늘, 소금, 후추 약간씩

식용유

1. 흰쌀과 흑미를 2 : 1 비율로 섞어 흑미밥을 짓는다.
2. 완두콩은 끓는 물에 소금을 넣고 데친다.
3. 새우살은 옅은 소금물에 흔들어 씻는다.
4. 계란 노른자는 스크램블한다.
5. 피망, 양파는 사방 1cm 크기로 썬다.
6. 달군 프라이팬에 식용유를 두르고 마늘을 넣고 볶은 다음 양파, 새우살, 완두콩, 피망 순으로 넣고 볶는다.
7. 새우살이 익으면 흑미밥을 섞어 볶다가 소금, 후추로 간한다.

▲향원당 Foodcoordinate school 1기, 김보람 作

미소 소스를 이용한 무 요리

순무_1개

미소_100g

설탕_20g

청주_1작은술

미림_1작은술

술, 난황, 간장

유자_1/2개

가쓰오부시_20g

다시마_10cm

물_4 ½컵

■■ 다시물 만들기

1. 분량의 물에 다시마를 1시간 정도 담가둔다.

2. 1번 물을 중불에서 한소끔 끓인 후 다시마를 건져낸다.

3. 끓고 있는 다시마 국물에 가쓰오부시를 넣어 한소끔 끓
   인 후 소창에 거른 다음 사용한다.

■■ 미소 소스

1. 분량의 미소, 청주, 미림, 유자즙, 설탕, 간장을 넣어 중
   불에서 섞어준다.

2. 1번에 난황을 조금씩 넣어 농도를 맞추어 준다.

3. 무는 육각형 모양으로 만들어 가운데를 피낸다. 피낸 중
   앙에 미소 소스를 넣어 다시물에 20분 정도 쪄낸다.

카레 덮밥

감자_2개
당근_1/2개
양파_1개
브로콜리_1/2개
돼지고기_200g
카레가루, 소금, 후추

1. 돼지고기는 2cm 크기로 썰어서 소금, 후추로 밑간을
   해둔다.
2. 감자, 당근, 양파는 2cm 크기로 깍둑썰기를 한 다음
   모서리를 다듬어 준다.
3. 브로콜리는 2cm 크기로 썰어서 끓는 물에 소금을 넣
   고 데쳐낸다.
4. 2번에서 준비해둔 재료를 감자, 당근, 양파 순서대로
   기름에 볶아준다. 이때 소금과 후추로 약간의 간을 해
   준다.
5. 돼지고기도 기름에 볶아낸다.
6. 끓는 물에 4, 5번 재료를 모두 넣고 카레가루를 물에
   풀어서 넣고 걸쭉해질 때까지 끓인 후 브로콜리를 넣
   어서 완성한다.

▲카레 덮밥

두부 단호박 케이크

단호박_1/2개
호두_8알
찹쌀가루_2큰술
두부_1모
소금 약간

1. 두부는 물기를 완전히 제거한 뒤 으깨어 준비한다.

2. 단호박은 찜기에 쪄서 믹싱기에 갈아 체에 걸러준다.

3. 호두는 잘게 다져서 1번과 함께 섞어서 소금으로 간
   을 한다.

4. 2번의 단호박에 찹쌀가루를 넣어 반죽해둔다.

5. 컵 모양의 틀에 3번을 밑에 꼭꼭 눌러서 담아 주고
   그 위에 4번을 넣어 20분 정도 찜기를 이용해 쪄낸다.

▲ 향원당 Foodcoordinate school 1기. 박정민 作

두부찜

두부_1모

마른 표고버섯_5개

당근_1/2개

파프리카_1개

돼지고기 다진 것_300g

밀가루, 녹말가루_약간

대파, 와사비_약간

다진 마늘_약간

다진 파, 간장_약간

소금, 정종, 후추_약간

1. 두부는 수분을 제거하여 체에 내려 준비해둔다.
2. 마른 표고는 불린 다음 가늘게 채 썰어 끓는 물에 소금을 넣고 데쳐낸다.
3. 당근과 파프리카는 가늘게 채 썰어 끓는 물에 소금을 넣고 데쳐낸다.
4. 돼지고기는 간장, 소금, 정종, 후추, 다진 마늘과 파를 넣어 양념해서 준비해둔다.
5. 두부에 밀가루와 녹말가루를 2 : 1로 넣어 혼합한다.
6. 랩을 이용해 5번의 두부 반죽을 5cm 원형으로 평평하게 해 준 다음 그 중앙에 돼지고기를 올려 반 접어 둥근 모양으로 만들어 형태를 만들어 준다.
7. 6번을 찜통에서 20분 쪄낸 후 식힌 다음 랩을 제거한다.

▲ 두부찜

사색 밀전병 쌈

쇠고기_200g
애느타리버섯_1/2팩
당근_1/2개
달걀_2개
녹차가루_2큰술
백년초가루_2큰술
찹쌀가루_2큰술
밀가루_2큰술

1. 쇠고기는 6cm 길이로 채 썰어 갖은 양념으로 간하여 볶아 준비해둔다.
2. 애느타리버섯은 가닥가닥 찢어 양념하여 볶아 준비해둔다.
3. 당근은 5cm 길이로 채 썰어 소금간 하여 볶아 준비해둔다.
4. 달걀은 황백 분리하여 황백지단을 만들어 5cm 길이로 채 썰어둔다.
5. 밀가루 : 녹차가루(백년초, 찹쌀가루) : 물은 2 : 0.5 : 4의 비율로 섞어 체에 내린다.
6. 당근은 강판에 갈아 즙을 내 밀가루 : 당근 즙을 2 : 4의 비율로 섞어 체에 내린다.
7. 5번과 6번의 반죽을 지름 5cm 정도의 원형으로 밀전병을 지져낸다.
8. 1, 2, 3, 4의 재료를 색색의 밀전병에 나팔모양으로 싸 주면 된다.

▲사색 밀전병 쌈

야채 초밥

구운 김_3장
빨강 · 노랑 파프리카_각 1/2개씩
브로콜리_3조각
흰밥_1공기

〈단촛물〉
식초_5큰술
설탕_3큰술
소금_1작은술

1. 구운 김은 2×10cm 크기로 잘라 준비해둔다.
2. 빨강·노랑 파프리카는 가늘게 채 썰어 달군 팬에 소금, 후추로 간하여 볶는다.
3. 브로콜리는 끓은 물에 소금을 넣어 살짝 데쳐내어 알맞은 크기로 잘라 준비해둔다.
4. 냄비에 단촛물 재료를 넣고 설탕이 녹을 때까지 저어 준 후 한 번 끓인다. 다시마 우린 물은 다시마를 미지근한 생수에 하루 전날 담가 두었다가 우러난 물을 사용한다.
5. 쌀은 30분 정도 물에 불린 후 체에 받쳐 물기를 빼고 다시마 우린 물을 부어 밥을 한다. 그릇에 옮겨 담고 뜨거울 때 3의 단촛물을 넣고 주걱을 세워서 자르듯이 섞는다.
6. 밥은 2×3.5cm 크기로 만들어 구운 김으로 돌려 감아 그 위에 준비된 야채를 올려 만든다.

▲야채 초밥

호밀 식빵_2개

슬라이스 햄_4장

슬라이스 치즈_4장

토마토_1개

양상추_2장

〈머스터드 소스〉

머스터드_2큰술

마요네즈_2큰술

버터_1큰술

레몬즙_1/2작은술

설탕_1/2작은술

소금, 후추 약간씩

1. 양상추와 토마토는 깨끗이 씻어 물기를 뺀 후 양상추는 먹기 좋은 크기로 뜯고 토마토는 얇게 슬라이스한 후 반으로 자른다.
2. 머스터드 소스를 만든다.
3. 호밀 식빵의 한쪽 면에 머스터드 소스를 바른 후 양상추를 깔고 치즈, 토마토를 얹은 후 햄 4장을 말아 나란히 얹는다.
4. 햄 위에 양상추를 얹고 머스터드 소스를 바른 호밀 식빵을 얹는다.

▲샌드위치

대잎쿠키

박력분_170g
버터_125g
설탕_90g
달걀 노른자_1개
바닐라 오일_1/4작은술
대잎 파우더_10g

1. 버터와 설탕을 고무 주걱으로 저어 부드럽게 만든 다음 달걀 노른자와 바닐라 오일을 넣어 섞고, 박력분과 대잎 파우더를 체에 쳐서 넣어 반죽한다.
2. 준비된 반죽은 비닐 랩에 싸서 냉동고에 1시간 동안 휴지 시킨다.
3. 냉동실에 넣어두었던 반죽을 꺼내서 1cm 두께로 썰어 180℃로 예열된 오븐에서 15분간 굽는다.

▲ 대잎쿠키

너비아니구이

쇠고기_600g
해초_50g
영양부추_100g
간장_8큰술
설탕, 청주_4큰술
참기름, 소금, 다진 깨, 마늘, 파

1. 건조된 해초는 미지근한 물에 불린 후 물기를 제거하여 준비해둔다.
2. 쇠고기는 0.3cm 두께의 넓적한 것을 준비하여 갖은 양념을 하여 구워낸다.
3. 영양부추는 손질하여 씻어 6cm 정도로 잘라 준비된 해초와 혼합하여 소금, 참기름, 다진 깨, 마늘을 넣어 버무려 구운 쇠고기 옆에 곁들여낸다.

▲너비아니구이

모듬튀김

단호박_1/2개
고구마_2개
두부_1모
완두콩_2큰술
검은깨_1큰술
당근_1/2개

1. 단호박과 고구마는 먹기 좋은 크기로 잘라 밀가루
   를 입혀 튀긴다.
2. 두부는 으깨고, 삶은 완두콩, 당근 채 썬 것, 검은
   깨를 넣어 완자형을 만들어 튀겨낸다.
3. 곁들여 먹는 폰즈를 준비한다.

▲ 모듬튀김

두부_1모

청경채, 미나리, 쑥갓_각 30g씩

당근_1/2개

새송이버섯_3개

표고버섯_3개

새우

청·홍고추_각 1개씩

다시국물_1,000cc

1. 두부는 먹기 좋은 크기로 자른다.

2. 청경채, 미나리, 쑥갓 등의 채소는 미리 손질하여 준비해놓고 당근은 매화깎기 한다.

3. 새송이버섯과 표고버섯도 냄비에 적당한 사이즈로 잘라놓는다.

4. 새우는 내장을 제거하고 난 뒤 냄비의 top에 얹도록 한다.

▲냄비요리

Well-being salad

두부_1모
양상추_1/3개
베이비채소_50g
cherry tomato_10알
고구마_1/2개
단호박

1. 두부는 사방사각썰기 한 뒤 기름에 바싹 튀긴다.
2. 양상추는 먹기 좋은 사이즈로 잘라 놓고 베이비채
   소와 함께 버무려 놓는다.
3. 단호박은 3cm 사이즈로 잘라 삶아 준비하고, 고구
   마는 잘게 채 썰어 튀겨낸다.
4. 색감과 식기 속의 공간을 고려하여 볼 형의 식기에
   소복이 담아낸다.

▲Well-being salad

보 쌈

포두부_20장
편육_300g
보쌈김치_1/4포기
해초_20g
무절임_10장
깻잎절임_약간
깻잎_약간

1. 그릇의 사이즈 안에 들어올 수 있도록 음식을 나열
   한다.
2. Main이 되는 포두부를 중앙에 높게 놓고 사이드에
   편육 등의 내용물을 먹기 좋게 담도록 한다.

▲보 쌈

PROP
foodstyling

미 역

쌀

버 섯

다시마

과 일

새 우

멸치

차

중국 차

김

오이소박이

갓김치

파김치

| 참고문헌 |

오경화 외 6인, 테이블코디네이트, 교문사, 2004

김수인, 푸드코디네이트개론, 한국외식정보, 2004

동아시아식생활학회연구회, 세계의 음식문화, 광문각, 1999

송정일, 이벤트플래닝, 백산출판사, 2002

고승익 외 3인, 관광이벤트경영론, 백산출판사, 2002

김헌철 외 2인, 중국요리, 훈민사, 2003

염초애 외 2인, 한국음식, 도서출판 효일, 1999

추적생 외 2인, 정통중국요리, 형설출판사, 2001

박병학, 기본 일본요리, 형설출판사, 2001

최영준, 호텔식음료서비스론, 지문사, 2000

최지아, 한국전통상차림의 현대화방안, 이화여자대학교 식품영양학과 석사학위논문, 2003

中國茶の事典, 成美堂出版, 2000

小池滋木安正, 紅茶の樂しみ方, 新朝社, 1993

日本フードスペシャリスト協會, フードコーディネート論, 建帛社, 2002

食卓のコーディネート, フードデザイン 研究會 共立速記印刷社, 2003

manners book, 左勝黑子, 共立速記印刷社, 2001

ペリーウルフマン おしゃれなテーブルセッティング PARCO出版, 1988

김수인

조선대학교 자연과학대 박사과정 수료

일본 핫도리조리학교 재팬푸드코디네이트스쿨 졸업

현재 전남도립남도대학 호텔조리과 재직 중

food **coordinate** 푸드 코디네이트

초 판 발 행   2005년 6월 11일

지 은 이   김 수 인

Table coordinate & Foodstyling 김수인

First Assistant 김빈, 김미진, 김보람

Second Assistant 김민진, 김현민, 김도현

Chef Florist 김수인, 박은민

Florist Assistant 정진

Photographer 이귀현

발 행 인   김 홍 용

아트디렉터   윤 미 옥

편 집 인   박 미 선

펴 낸 곳   도서출판 **효일**

서울특별시 동대문구 용두 2동 102-201

전화 : 02) 928-6644~5,   FAX : 02) 927-7703

homepage   www.hyoilbooks.com

e - m a i l   hyoilbooks@hyoilbooks.com

등록 : 1987년 11월 18일 제 6-0045호